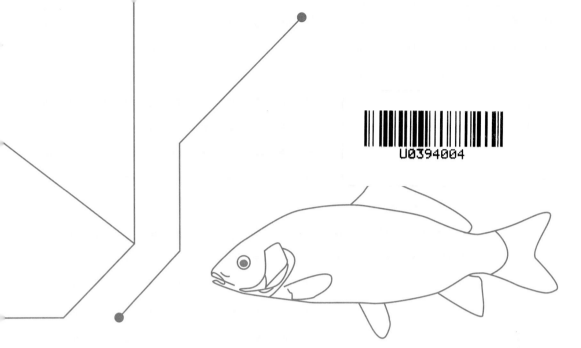

U0394004

我的机器人创客教育系列

仿鱼机器人的设计与制作

罗庆生　罗　霄　陈禹含◉编著

北京理工大学出版社

BEIJING INSTITUTE OF TECHNOLOGY PRESS

图书在版编目（CIP）数据

仿鱼机器人的设计与制作/罗庆生，罗霄，陈禹含编著．—北京：北京理工大学出版社，2019.7

（我的机器人创客教育系列）

ISBN 978 - 7 - 5682 - 7268 - 1

Ⅰ.①仿…　Ⅱ.①罗…②罗…③陈…　Ⅲ.①仿生机器人 - 设计 - 青少年读物②仿生机器人 - 制作 - 青少年读物　Ⅳ.①TP242 - 49

中国版本图书馆 CIP 数据核字（2019）第 142825 号

出版发行／北京理工大学出版社有限责任公司

社　　　址／北京市海淀区中关村南大街 5 号

邮　　　编／100081

电　　　话／（010）68914775（总编室）

　　　　　　（010）82562903（教材售后服务热线）

　　　　　　（010）68948351（其他图书服务热线）

网　　　址／http：//www.bitpress.com.cn

经　　　销／全国各地新华书店

印　　　刷／保定市中画美凯印刷有限公司

开　　　本／710 毫米 × 1000 毫米　1/16

印　　　张／14.25　　　　　　　　　　　　　责任编辑／张慧峰

字　　　数／270 千字　　　　　　　　　　　　文案编辑／张慧峰

版　　　次／2019 年 7 月第 1 版　2019 年 7 月第 1 次印刷　　责任校对／周瑞红

定　　　价／57.00 元　　　　　　　　　　　　责任印制／李志强

序　言

　　青少年是祖国的未来，科学的希望。以我国广大青少年为对象，开展规范性、系统性、引领性、全局性的科技创新教育与实践活动，让广大青少年通过这些活动，将理论研究与实际应用结合，将动脑探索与动手实践结合，将课堂教学与社会体验结合，将知识传承与科技创新结合，使广大青少年能有效提升创新兴趣，熟悉创新方法，掌握创新技能，增长创新能力，成为我国新时代的科技创新后备人才，意义重大，影响深远。

　　在形形色色的青少年科技创新教育与实践活动中，机器人科普教育、科研探索、科技竞赛别具特色，作用显著。这是因为机器人是多学科、多专业、多技术的综合产物，融合了当今世界多种先进理念与高新技术。通过机器人科普教育、科研探索、科技竞赛，可以使广大青少年在机械技术、电子技术、计算机技术、传感器技术、智能决策技术、伺服控制技术等方面得到宝贵的学习与锻炼机会，能够有效加深青少年对科技创新的理解能力，并提高其实践水平，让他们尽早爱科学、爱创新。

　　了解机器人的基本概念，学习机器人的基本知识，掌握机器人的设计技术与制作技巧，提升机器人的展演水平与竞技能力，将使广大青少年走近我国科技创新的最前沿，激发青少年对于科技创新尤其是机器人创新的兴趣与爱好，挖掘青少年开展科技创新的潜力，夯实青少年成为创新型、复合型人才的理论与技术基础。

　　"我的机器人创客教育系列"丛书重点讲述了仿人、仿蛇、仿狗、仿鱼、仿蛛、仿龟等六种机器人的设计与制作，之所以选择了这六种仿生机器人作为本套丛书的主题，是出于以下考虑：在仿生学一词频繁在科研领域亮相时，仿生机器人也逐步进入了人们的视野。由于当代机器人的应用领域已经从结构化环境下的定点作业，朝着航空航天、军事侦察、资源勘探、管线检测、防灾救险、疾病治疗等非结构化环境下的自主作业方向发展，原有的传统型机器人已不再能够满足人们在自身无法企及或难以掌控的未知环境中自主作业的要求，更加人性化和智能化的、具有一定自主能力、能够在非结构化的未知环境中作业的新型机器人已经被提上开发日程。为了使这一研制过程更为迅速、更为高效，人们将目光转向自然界的各种生物身上，力图通过有目的的学习和优化，将自然界生物特有的运动机理和行为方式，运用到新型仿生机器人的研发工作中去。

仿生机器人是一个庞大的机器人族群，从在空中自由飞翔的"蜂鸟机器人"和"蜻蜓机器人"，到在陆地恣意奔跑的"大狗机器人"和"猎豹机器人"，再到在水下尽情嬉戏的"企鹅机器人"和"金枪鱼机器人"；从肉眼几乎无法看清的"昆虫机器人"到可载人行走的"螳螂机器人"，现实世界中处处都可看见仿生机器人的身影，以往只有在科幻小说中出现的场景正在逐步与现实世界交汇。

仿生机器人的家族成员们拥有五花八门的外观形貌和千奇百怪的身体结构，它们通过不同的机械结构、步态规划、行动特点、反馈系统、控制方式和通信手段模拟着自然界中各种卓越的生物个体，同时又通过人类制造的计算机、传感器、控制器以及其他外部构件，诠释着自己来自实验室的特殊身份。如今，这支源于自然世界和科学世界混合编组的突击部队正信心满满，准备在人类生活中大显身手。

时至今日，仿生机器人已经成为家喻户晓的"大明星"，每一款造型新颖、构思巧妙、功能独特、性能卓异的仿生机器人自问世之时起都伴随着全世界的惊叹和掌声，仿生机器人技术的迅速发展对全球范围内的工业生产、太空探索、海洋研究，以及人类生活的方方面面产生越来越大的影响。在减轻人类劳动强度，提高工作效率，改变生产模式，把人从危险、恶劣、繁重、复杂的工作环境和作业任务中解放出来等方面，它们显示出极大的优越性。人们不再满足于在展示厅和实验室中看到机器人慢悠悠地来回走动，而是希望这些超能健儿们能够在更加复杂的环境中探索与工作。

北京理工大学特种机器人技术创新团队成立于 2005 年，是在罗庆生教授和韩宝玲教授带领下，长期不懈地走在特种机器人科技创新探索、科研任务攻关道路上，充满创新能量、奋斗不息的一支标兵团队。该创新团队的主要研究领域为光机电一体化特种机器人、工业机器人技术、机电伺服控制技术、机电装置测试技术、传感探测技术和机电产品创新设计等。目前已研制出仿生六足爬行机器人、新型特种搜救机器人、多用途反恐防暴机器人、新型工业码垛机器人、新型轮腿式机器人、新型节肢机器人、新型工业焊接机械臂、陆空两栖作战任务组、外骨骼智能健身与康复机、"神行太保"多用途机器人、履带式壁面清洁机器人、小型仿人机器人、"仿豹"跑跳机器人、先进综合验证车、仿生乌贼飞行机器人、履带式变结构机器人、制导反狙击机器人、新型球笼飞行机器人等多种特种机器人。该团队在承研某部"十二五"重点项目——新型仿生液压四足机器人过程中,系统、全面、详尽、科学地开展了四足机器人结构设计技术研究、四足机器人动力驱动技术研究、四足机器人液压控制技术研究、四足机器人仿生步态技术研究、四足机器人传感探测技术研究、四足机器人系统控制技术研究、四足机器人器件集成技术研究、四足机器人操控装备技术研究,在有关液压四足机器人的仿生研究、机构设计、结构优化、机械加工、驱动传感、液压伺服、系统控制、人工智能、决策规划和模式识别等高精尖技术方面取得一系列创新与突破,从而为本套丛书的撰写提供了丰富的资料和坚实的基础。

本套丛书的主创人员在开发高性能、多用途仿生机器人方面具有丰富的研制经验和深厚的技术积累,由罗庆生、韩宝玲、罗霄撰写的专著《智能作战机器人》曾获"第五届中华优秀出版物奖图书奖"称号,这是我国出版物领域中的三大奖项之一,表明其在科技领域,尤其是在机器人领域中的实力与地位。

本丛书由罗庆生、罗霄担任主撰;蒋建锋、乔立军、王新达、陈禹含、郑凯林、李铭浩等人参与了本套丛书的研究与撰写工作,并担任各分册的主创人员。

在本套丛书的研究与写作过程中,得到了北京市教委、北京市科委等部门相关领导的极大关怀,得到了北京理工大学出版社的热情帮助,还得到了许多同仁的无私支持。值本书即将付印出版之际,谨向所有关心、帮助、支持过我们的领导、专家、同事、朋友表示衷心的感谢!

少年强则中国强,创新多则人才多。让机器人技术助圆我国广大青少年的"中国梦"!

作 者

2019 年 7 月于北京

目　录
CONTENTS

第 **1** 章
仿生机器人的基本概念

1.1　生物的本领

1.1.1　不同凡响的探测能力

　　自然界中的各种生物通过物竞天择和长期进化，已对外界环境产生了极强的适应性，在能量转换、传感探测、运动控制、姿态调节、信息处理和方位辨别等方面还表现出了高度的合理性，已日益成为人类提升科学研究水平、开发先进技术装备的参照物和借鉴物。

　　当人们放眼周围的自然界时，常常会因生物们不同凡响的探测能力所震惊和倾倒。例如，研究人员发现鲨鱼在搜寻猎物时，其传感器官会采用一种新颖的热探测形式。这种热探测形式之所以新颖，就在于它与一般哺乳动物采用的热探测形式不同。哺乳动物通常会利用冷敏感离子通道将其身体周围的温度信息转换成能够被热传感神经细胞接收的电信号。但鲨鱼则有所不同，其头部前方生有敏感的"电传感器"，每个"电传感器"由一束传感细胞和神经纤维组成，它们均位于充满胶体的小管中，而小管的开口由一个小孔通向鲨鱼身体表面。当鲨鱼身体周围的温度发生微小变化时，鲨鱼头部"电传感器"的细胞外胶体会发生明显的电压变化，这样，温度信息便在无须冷敏感离子通道的情况下被转换成电信号，这种响应快捷、高效的探测形式，可帮助鲨鱼迅速找到可能提供丰富食物的热锋信息。

1.1.2 别具一格的伪装能力

自然界中的许多生物往往都有着自己独特的生存绝技，伪装术就是其中之一。漫长的进化和变异过程，为众多生物赢得了天生"伪装大师"的美称[1]。生物们利用其自身结构和生理特性来"隐真示假"，与人类在军事斗争中采用的伪装术是异曲同工、殊途同归。

追根溯源，人类战争史以及由此产生的军事伪装术仅有数千年的历史，而形形色色的生物伪装术则伴随着物竞天择与适者生存的自然规律不断演化，有着与生物生命史一般久远的发展历程。尤其是隐身、拟态、干扰等生物伪装术花样繁多。

按照伪装方式的不同，生物伪装术大致可以分为隐身、拟态和干扰三类。

1. 隐身伪装术

所谓隐身其实就是"隐真"（见图1-1），有些生物会以外部自然环境为隐身基准，通过改变自身色调色彩，达到隐蔽自我、迷惑天敌或捕食猎物的目的。例如，生活在丛林里的变色龙就是通过采用掩护色，把自己的肤色调整得与四周环境的颜色一致，以避免猎物发现，从而有利于自己隐蔽前进和发起攻击[2]。生物隐身伪装术可谓是人类军事隐身伪装术的灵感源泉，为人类军事隐身伪装术的发展提供了宝贵的参考与借鉴。

图1-1　隐身伪装术

2. 拟态伪装术

所谓拟态伪装其实就是"示假"（见图1-2）。在动物世界里，竹节虫的拟态伪装术可谓炉火纯青，完全能够以假乱真。当竹节虫趴在植物上时，其自身体形与植物形状十分吻合，能够装扮成被模仿的植物，或枝或叶，极其相似；同时，竹节虫还能根据光线、湿度和温度的差异来改变体色，让自身完全融入周围的环境中，使鸟类、蜥蜴、蜘蛛等天敌难以发现其存在。

3. 干扰伪装术

如果说隐身和拟态伪装还属于被动伪装范畴的话，那么乌贼施放烟幕避敌则是生物采用主动干扰方法实施伪装以求生存的典范（见图1-3）。解剖实验表明，乌贼体内有一个专门用来存储黑色液体的"墨囊"，当乌贼遇到侵害时，就会从"墨囊"中喷出与自己形态相似的黑色浓液，悬浮在水中。当敌害碰到时，浓液会"爆炸"，并在周围形成一层浓黑的烟幕。

图1-2 拟态伪装术

图1-3 干扰伪装术

对生物伪装的研究以及由此而衍生的生物伪装技术，大大提高了人类军事伪装术的效能。与传统的伪装方法相比，生物伪装术主要有以下四个方面的优点：

（1）取材简单。

自然界中的生物在进行合成代谢时，大都以随处可得的物质（如空气、水、植物和矿物质等）为原料，以阳光为能源，不仅原料成本低，而且取之不尽、用之不竭[3]。

（2）安全可靠。

抛开眼花缭乱的表征，生物伪装的实质就是生物化学反应，这类反应大多是在酶的催化作用下进行的，要求输入的能量少，反应条件缓和，工艺和设备简单，操作安全性好。

（3）活性强劲。

生物分子通常具有复杂、精细的结构，这种结构往往会赋予生物分子特殊的活性，即所谓的"生物特异功能"，例如准确、敏感的感知能力，高效、迅速的搜索能力，牢固、可靠的黏结能力，等等。

（4）结构紧凑。

生物系统中的信息码、功能模块、制造组装单元都是在分子水平上以完美方式自组装起来的，其结构比具有类似功能的人造光学或机械系统紧凑得多。

有关研究表明，当真假目标的数量达到一定比例时，成功的"隐真"和

"示假"相当于增加了 10 倍的兵力。由此可见，伪装在军事上的作用非同一般。生物在伪装上的招数，无疑为现代军事伪装开拓了新的研究思路，具有广阔的应用前景（见图 1-4）。

图 1-4 伪装在军事方面的应用

1.1.3 出类拔萃的通信能力

世界上没有一种动物能够真正单独地生活。动物之间相互联系有着自己独特的方式。例如，蚂蚁在集体生活时，靠特殊的"化学语言"保持联系。这种特殊的"化学语言"其实就是激素，它是由蚂蚁某一器官或组织分泌到体外的一种化学物质[4]。蚂蚁在寻找食物时，会将这种激素散布在来回的路上，同伴们根据留下的气味，就知道去哪里觅食。一同前去的蚂蚁都散发出这种气味，使来往的道路成为"气味长廊"，成群的蚂蚁沿着这条长廊搬运食物、忙碌不息（见图 1-5）。蚂蚁还能利用气味辨别谁是同族，谁是异族。如果蚂蚁误入异族巢穴而被发现，其命运就非常可悲了。

图 1-5 蚂蚁集体觅食

猩猩靠声音互相联系。当一只猩猩看到树上结有果实时，它会大声呼啸，告知同伴前来分享；当猩猩遇到敌害时，它也会发出嚎叫，恳请同伴前来救援。

昆虫的鸣叫是为了吸引异性同类，或是对其他动物进行警告。蝉的腹部生有气室，气室的一边是鼓膜，气室中空气的流动使鼓膜发生振动而吱吱作响。蝗虫用后腿摩擦翅膀发出响声。蟋蟀则用双翅相互擦击发出叫声。

许多时候，动物接收信息靠的是眼睛，而比较容易被眼睛接收的是色彩和动作。雄孔雀开屏时展现绚丽多彩的羽毛，就是将缤纷的色彩作为信息引起雌孔雀的注意，同时也是对其他雄孔雀发出警告。

蜜蜂以婀娜多姿的舞姿为信号，与同伴进行联系。奥地利生物学家弗里茨经过细心的研究，发现蜜蜂舞蹈的秘密。蜜蜂的舞蹈主要有"圆舞"和"镰舞"两种形式。当工蜂外出回巢后，常做一种有规律的飞舞。如果工蜂跳"圆舞"，就是告诉同伴蜜源与蜂房相距不远，在 100 m 左右；如果工蜂跳"镰舞"，就是告诉同伴蜜源与蜂房相距较远。路程越远，工蜂跳的圈数就越多，频率也越快[5]。

1.2 生物的启迪

1.2.1 发人深省的对比

1. 片流膜的发明

马克思·克雷默博士倚靠在轮船甲板的栏杆上，尽管大西洋的景色壮美无比，但却没有引起他的丝毫兴趣，唯有那群逐浪嬉戏的海豚始终牵引着他的视线。克雷默博士是一位学有专长、造诣深厚的德国科学家。第二次世界大战以前，他在德国航空研究中心领导着抗湍流的研究。这次，他应聘到美国海军某研究所工作。连日来，他一直注意着大西洋上的海豚，眼前这群游速达每小时 50 km 的海豚，伴随着轮船快速游行已有两个多小时，但看上去它们的动作依然是那样地潇洒自如、刚劲有力，没有丝毫倦意。克雷默博士对此产生了绝大的兴趣。由于从事抗湍流研究工作已有多年，他非常清楚与空中飞行物要经受气流产生的湍流阻力一样，在水中运动的物体同样也会经受水中湍流的强劲阻力。他不禁奇怪海豚是怎样抗击湍流而能高速游动的呢？虽然，海豚具有非常完美的流线形外形，头部和尾部狭尖而中间部分宽厚，耳壳和后肢都已退化消失，身长与厚度的比例十分合理，浑身光滑少毛，这些特点对海豚减少水中湍流阻力十分有利。然而，有人做过试验，航速为每小时 50 km 的轮船若拖着一只与海豚身形相同、大小相仿的物体在海上航行，需要增加2.6匹马力。而眼前的海豚按其身躯大小来估计，本身是不可能产生那么大的驱动力的。海豚能在比空气密度大800倍的水中轻松地追随高速航行的轮船，必定有其奥妙之处。是不是海豚能以最小的动力来最大限度地把湍流变成片流呢？如果这个问题能搞清楚，那么对抗湍流的研究一定会有所帮助。

1956年，克雷默博士终于得到了梦寐以求的海豚皮样张，立即对它进行了仔细研究。这张海豚皮厚度约为1.55 mm，富有弹性和疏水性。经过切片，在显微镜下观察，可见其组织结构与其他脊椎动物的皮肤一样也是由表皮、真皮和由胶质纤维和弹性纤维交错的结缔组织组成。但与众不同的是，海豚的真皮层上面有许多小乳突，根据各部位比较，这些小乳突在额部和尾部特别发达，这些小乳突对抗湍流有什么作用呢？克雷默博士决心弄个明白。通过研究，他认为这些小乳突形成了很多微小的管道系统，在运动中能经受很大的压力，含有胶质纤维和弹力纤维交错的结缔组织，中间充满了脂肪，增加了海豚皮肤的弹性，皮肤的弹性和疏水性在很大程度上消除了水流由片流变成湍流的振动，并能使水分子集结成环状结构在海豚体表上滚动。众所周知，滚动摩擦的阻力是最小的，从而把水阻力大大地减少了，再加上海豚皮下肌肉能作波浪式运动，使富有弹性的皮肤在水的压力下灵活地变形，使其和水流的运动相一致，进而有效地抑制水流高速流经皮肤时产生的漩涡，这样一来，海豚即便在高速运动时，也能把水的阻力降低到最小限度。

据此，克雷默博士开始研制人造海豚皮。1960年他在美国橡胶公司工作期间，用橡胶仿造海豚皮肤的结构研制出一种名叫"片流膜"的人造海豚皮（见图1-6）。这种片流膜由三层组成：表层和底层都是光滑的薄层，中间的一层设置了许多容易弯曲的小突片，形成一种微细的管道系统，其内充满了富有弹性的液体，使片流膜具有弹性。后来克雷默博士将片流膜装配在潜水装置上进行试验，结果使湍流减少了50%。此后，美国军方将这种片流膜安装

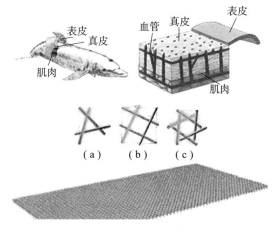

图1-6 海豚皮与人造海豚皮

在潜水艇的表面，取得了很好的效果，大大提高了潜水艇的航行速度。以后人们又将这种片流膜安装在输送石油的管道内壁上，同样显著提高了石油输送的效率。

2. 青蛙眼和电子眼

电子蛙眼是电子眼的一种，其前部实际上就是一个摄像头，成像之后通过光缆传输到电脑设备显示和保存，它的探测范围呈扇状且能转动，这与蛙类的眼睛（见图1-7）类似。

科学家根据蛙眼的原理和结构，发明了电子蛙眼。现代战争中，敌方可能发射导弹来攻击我方目标，这时我方可以发射反导弹截击对方来袭导弹，但敌方为了迷惑我方，又可能发射假导弹来扰乱我方的视线[6]。在战场上，敌人的飞机、坦克、舰艇发射的真假导弹都处于快速运动之中，要克敌制胜，就必须及时把敌方真假导弹区别开来。如果我方能将电子蛙眼

图1-7　蛙眼

和雷达相配合，就可以像蛙眼一样，敏锐迅速地跟踪飞行中的真目标。

青蛙捕虫的本领十分高强，当有小虫从它眼前飞过时，青蛙便一跃而起，以迅雷不及掩耳之势将小虫捕获。但令人惊异的是，青蛙那双凸起的眼睛，对静止的东西，却往往视而不见，即使有它最喜爱的苍蝇待在眼前，也不会引起它的注意。这种现象引起了科学家们的浓厚兴趣，对蛙眼的结构进行了仔细研究，发现蛙眼里面有四种神经细胞，也就是四种"检测器"。它们的形状、大小和树状突分支各不相同，每种细胞接受范围的大小和轴突传导信号的速度也各不相同。第一种神经细胞叫反差检测器，它能感觉运动目标暗色前后缘；第二种神经细胞叫运动凸边检测器，它对有轮廓的暗颜色目标的凸边产生反应；第三种神经细胞叫边缘检测器，它对静止和运动物体的边缘感觉最灵敏；第四种神经细胞叫变暗检测器，只要光的强度减弱了，它就立刻反应。蛙眼在这四种神经细胞的作用下，能把一个复杂图像分解成几种容易辨别的特征，然后传送到青蛙大脑的视觉中心，经过综合，就能看到原来的完整图像[7]。

科学家们还对青蛙进行了特殊的实验研究。原来，蛙眼视网膜的神经细胞分成五类，一类只对颜色起反应，另外四类只对运动目标的某个特征起反应，并能把分解出的特征信号输送到青蛙大脑的视觉中枢——视顶盖。视顶盖上有四层神经细胞，第一层对运动目标的反差起反应；第二层能把目标的凸边抽取出来；第三层只看见目标的四周边缘；第四层则只管目标暗前缘的明暗变化。这四层特征就好像在四张透明纸上所画的不同图画，叠在一起，就是一个完整的图像。因此，在迅速飞动的各种形状的小动物里，青蛙可立即识别出它最喜

欢吃的苍蝇和飞蛾，而对其他飞动着的东西和静止不动的景物都毫无反应[8]。科学家们根据蛙眼的视觉原理，已研制成功了一种电子蛙眼（见图1-8）。这种电子蛙眼能像真的蛙眼那样，准确无误地识别出特定形状的物体。把电子蛙眼装入雷达系统后，雷达抗干扰能力大大提高。这种雷达系统能够快速而准确地识别出特定形状的飞机、舰船和导弹等。特别是能够区别真假导弹，防止敌方以假乱真，破坏我方的作战计划。

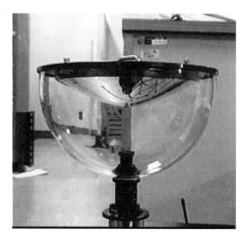

图1-8　电子蛙眼

1.2.2　生物形态的妙用

1. 从猫的胡子谈起

养猫和爱猫的人都会觉得猫是一种温顺、可爱的小宠物。它们确实如此，但它们却属于一个特殊的动物科——猫科，这个科的成员还包括凶猛的狮子、老虎、豹子，等等。无论猫的生活地区、体形、外表有多大差异，猫都有一个共同之处，那就是它们的身体条件非常适合捕猎，它们都是技能高超的捕猎能手。猫有着锐利的眼睛、锋利的牙齿、带钩的尖爪、柔软的脚垫，猫的视觉、听觉、嗅觉十分敏锐，甚至连猫嘴边的胡子都能帮助它敏捷地捕食。

猫的胡子根部生有极细的神经，触及物体时猫就能及时感觉到，所以猫的胡子是一个特殊的感觉器官。它伸展的面积与猫的身体一样宽，这就能使猫在黑暗、狭窄的通道中探测路径，摸清自己的身体是否可以通过。胡了能帮助猫在暗中感觉周围情况，如果猫的眼睛或耳朵都用不上时，胡子就能帮上大忙。平时走路、奔跑，猫也要靠着胡子感知周围的物体。特别是在捕鼠时，胡子可帮助猫探测鼠洞的宽度和深度，当胡子扫过老鼠的身体时，猫便能察觉老鼠的所在，从而帮助捕鼠。因此，胡子既是猫的"探测器"，又是猫的"计量仪"，可为猫提供很多方便。

许多其他的动物，特别是啮齿类动物，也有着触觉灵敏的胡子。鼹鼠除了在鼻子周围有一圈完整的胡子之外，末端还有着一串称之为爱默氏器的细微神经末梢。这些神经末梢的排列十分致密，可以与触须一起共同来识别洞穴中的空气碰到障碍物而产生的气流的方向和压缩波的方向。如果夜晚鼹鼠要出洞时，就以触须来试探洞穴外面的空气情况[9]。星鼻鼹鼠的鼻尖周围有排列成星形的22个很小的裸露的肉质附属物，这是一种特异的超灵敏触觉器官，事实上，这种器官还有味觉机能。它可帮助星鼻鼹鼠探测沼泽、湖底和小河深处的食物。

2. 从蜘蛛丝谈起

很多人认为，蜘蛛只是用丝来织网捕食。其实，再也没有别的动物像蜘蛛那样妙用蜘蛛丝了。蜘蛛用纤细的蜘蛛丝来织造住所、卵袋、套索、救生索、钟型潜水器以及众所周知的蛛网（见图1-9）。实际上，蜘蛛不是昆虫，而是属于"蛛形动物"类。和昆虫不同，蜘蛛有八条腿，多数有八只眼，身体只有两节，无翼。蜘蛛在各种气候条件下都能生存。它们能在地上行走，能在树上攀缘，能在水面游荡，甚至还能在水中生活。

图 1-9　形形色色的蜘蛛网

蜘蛛在位于其腹内的一些腺体中造丝。蜘蛛的腹部末端生有吐丝器官，这些器官内有许多小孔，蜘蛛丝就从这些小孔中压出。蜘蛛丝出来时是液体，一接触到空气就变为固体。蜘蛛能够制造出许多不同类型的蜘蛛丝。其中，具有黏性的蜘蛛丝用来织网，以捕捉猎物；不具有黏性且较粗的蜘蛛丝用作蛛网的辐条；还有一种不同的蜘蛛丝则用来编织卵袋。蜘蛛所编织的蛛网有许多不同的类型。"轮状网"是人们最为常见的一种；"皿网"的形状像漏斗或拱顶。活板门蛛则在网的顶端编织一个眼睑状的洞，用来捕捉猎物。还有的蜘蛛用蜘蛛丝编织成钟型潜水器，可使自己完全置于水中。

蜘蛛丝虽然十分纤细，但其强度和韧性相当惊人，一旦猎物被蜘蛛丝缠住，要想全身而退是难上加难。科学家们发现，蜘蛛丝是由大约17种氨基酸构成的蛋白质纤维，具有超强的韧性和抗断裂机能，同时还具有质轻、抗紫外线与生物可分解等特点，其优异的物理性质是一般纤维、天然纤维甚至是合成纤维所无法比拟的。在物理性质方面，蜘蛛丝的密度在1.34 g/cm左右，与羊毛和蚕丝等蛋白质纤维相近[10]。除了外观闪亮有光泽外，蜘蛛丝还具有耐热特性。蚕丝在140℃便会产生黄化现象，而蜘蛛丝在200℃以下时则表现出优良的热稳定性，超过300℃时才会出现黄化现象。在力学性质方面，蜘蛛网圆周丝的初始模量虽比高强力芳香族聚酰胺纤维略低，但明显高于Nylon6①，且

---

① 尼龙材料的一种。

圆周丝在蜘蛛丝中并不是强度最好的一种。需要指出的是，高强力芳香族聚酰胺纤维的断裂伸长率只有2.5%～3%，而蜘蛛丝的断裂伸长率为36%～50%，因此具有吸收庞大能量的特性。蜘蛛丝的耐低温特性也十分优异。据测试，蜘蛛丝在−40℃时仍具有弹性，只是在更低温度下才会变硬[11]。此外，蜘蛛丝几乎全部都是由蛋白质组成，故有生物分解与可回收等优点，不会对环境造成污染，符合可持续发展的要求。

由于蜘蛛丝性能优异，所以人类很早就对其展开了研究和利用[12]。在第一次世界大战期间，蜘蛛丝曾被用作望远镜和枪炮所附光学瞄准装置中的十字准线，但那时人们对其结构和性能还知之甚少。到了20世纪90年代，人们对蜘蛛丝蛋白基因组成、结构形态、力学性能等有了深入研究，为人造蜘蛛丝的商业化生产创造了条件。

天然蜘蛛丝主要来源于蛛网，产量很低，而且蜘蛛具有同类相食的天性，无法像家蚕一样高密度养殖，故想获得大量的天然蜘蛛丝十分困难[12]。随着现代生物工程技术的发展，用基因工程的方法人工合成蜘蛛丝蛋白将会获得新的突破，人类通过工业化途径获取大量人工蜘蛛丝纤维的梦想一定会实现。

3. 从生物电谈起

在一次国际自动控制技术学术会议上，当一个15岁的无手男孩用假手在黑板上用粉笔流利地写出"向会议的参加者致敬"的字样时，大厅里顿时响起了雷鸣般的掌声。人们兴奋不已、赞叹不绝，不断地向这种新颖控制技术的发明者表示热烈的祝贺。

发明者是怎样使假手能像真手一样工作的呢？其中生物电起到了关键作用。

早在18世纪末叶，科学家们对生物机体内的生物电流就已经有所认识[13-15]。因为生物休内不同的生命活动能产生不同形式的生物电，如人体心脏的跳动、肌肉的收缩、大脑的思维，等等，都能产生相应的生物电，因而人们可以借助生物电来诊断各种疾病。

生物电的应用十分广泛，应用生物电来控制假手的运动就是其中之一。众所周知，人类双手的一切动作都是大脑发出的一种指令（即电讯号）经过成千上万条神经纤维，传递给手中相应部位的肌肉引起的对应反应。如果人们把大脑指令传到肌肉中的生物电引出来，并把这个微弱的信号加以放大，这种电讯号就可以直接去操纵由机械零件和电气元件组成的假手了。

国外曾经生产出一种机电假手，从肩膀到肘关节，使用了5只油压马达，手掌及手指的动作则利用2只电动马达驱动相应部件来完成。手臂在发出动作之前，利用上半身的各肌肉电流作为假手活动的指令，即在人体背脊及胸口安放相应的电极，用微型信号机来处理产生的电流信息，上述7只马达就能根据假手主人想做的动作进行运转。这种假手的动作与真手所能完成的动作大致相同，由于主要部分采用了硬铝及塑料，故其重量还不到 2.63 kg。据报道，这种假手已能够做诸如转动肩膀、手臂和掌，以及弯曲关节等 27 种动作。它能为因交通及工伤事故而被齐肩截断手臂的残疾人解决生活和工作上的许多不便。

苏格兰一家假肢制造公司最近推出一种每根手指都装有电动机的人造手，该人造手具有多种抓取模式[16]。普通的人造手像镊子那样用拇指、食指和中指夹东西，形象僵硬，而且十分不便。这种新型人造手则模仿了人手的抓取动作，即 5 根手指以适应物体形状的方式进行抓握。该公司的营销主管菲尔·纽曼说，这样不仅所需的抓取力更小，而且手掌的运动也更加自然美感。

这种新型的人造手由两个肌电传感器控制。传感器安装在手臂残端，记录屈肌或伸肌绷紧时皮肤产生的电流。假肢使用者能以这种方式发出让人造手张开或攥紧的信号。因每根手指都可接受指令单独运动，这种新型人造手可做许多种动作。例如使用者可以伸出食指来操纵键盘。研究者认为这种新型人造手更加适合残疾人日常生活使用。

人造假手的出现不仅为残疾人带来福音，而且由于生物电经过放大之后，可以用导线或无线电波传送到非常遥远的地方去。这对扩大人类的生产领域、提升人类的工作能力将会产生巨大的影响。

生物电的研究，对于农业生产也具有巨大的意义。向日葵的花朵能随着太阳的东升西落而运动；含羞草的叶子一经扰动就会闭合起来。这些现象都是生物电在起作用的缘故。

植物中的生物电究竟是怎样产生的呢？有人曾做过如下的实验：在空气中，将一个电极放在一株植物的叶子上，另一个电极则放在植物的基部，结果发现两个电极之间能产生 30 mV 左右的电位差[17]。当将同样的一株植物放在密封的真空中时，由于植物在真空中被迫停止生命活动，所以植物基部和叶片之间的电压也就消失了。这个实验有力地证明，生物的生命活动是产生生物电的根源。

1.3 仿生学的基本概念

1.3.1 什么是机器人

按照一般辞典所述，所谓机器人是指"能够代替人类做事的自动装置或具有人类形态的机器"。人们一般可将机器人简单定义如下：机器人是具有能够识别目标物体和使其运行的功能，并且按程序执行操作的自动机器。

目前流传着一个关于"机器人"名字起源的小故事，据说："机器人"这个术语来自捷克语中的"Robota"一词，即劳动的意思。"机器人"最早出现在 1920 年捷克斯洛伐克作家恰佩克发表的科幻剧"Rossum's Universal Robots（罗萨姆的万能机器人）"中，它是小说中一群没有思想和情感的人造人中的主人公。机器人初期出现在小说中时，是反抗人类和给人们带来灾害的"坏蛋"，而现在机器人却是帮助人们做事、服务人类生活所不可或缺的"伙伴"。

1912 年，美国科幻巨匠阿西莫夫提出了"机器人三定律"，这三条"定律"（Law）是所有机器人必须遵守的：

（1）机器人不得伤害人类，或袖手旁观坐视人类受到伤害；

（2）除非违背第一定律，机器人必须服从人类的命令；

（3）在不违背第一和第二定律的情况下，机器人必须保护自己。

虽然这只是科幻作家们在小说里描述的"信条"，但后来却正式成为机器人发展过程中科研人员必须遵守的研发原则。

自机器人诞生之日起，人们就不断尝试说明到底什么是机器人。随着科技的发展，机器人所涵盖的内容越来越丰富，定义也不断充实和创新。

现在，国际上对机器人的概念已经逐渐趋近一致，即机器人是靠自身动力和控制能力来实现各种功能的一种机器。联合国标准化组织采纳了美国机器人协会给机器人下的定义，即"机器人是一种可编程和多功能的操作机；或是为了执行不同的任务而具有可用电脑改变和可编程动作的专门系统[18]。"

参考各国、各标准化组织的定义，人们可以认为：机器人是一种由计算机控制的可以编程的自动化机械电子装置，它能感知环境，识别对象，理解指示，执行命令，有记忆和学习功能，具有情感和逻辑判断思维，能自身进化，能按照操作程序来完成任务[19]。

经过多年的发展，机器人目前已经成为多种类、多功能的庞大家族，大到身高体壮，能够力举千钧；小到纤细无比，能够进入血管；上到翱翔太空，九天揽月；下到潜入深海，五洋捉鳖；它既可在工业生产中兢兢业业高质量地完成任务，也可走入寻常百姓家温情款款地端茶递水。

从应用环境考虑，机器人的大家族可以分为工业机器人和特种机器人两大类。工业机器人（见图 1-10）是面向工业领域的多关节机械手或多自由度机器人；特种机器人则是除工业机器人之外的、用于非制造业并服务于人类的各种先进机器人，包括：探测机器人（见图 1-11）、服务机器人（见图 1-12）、水下机器人（见图 1-13）、娱乐机器人（见图 1-14）、军用机器人（见图 1-15）、机器人化机器（见图 1-16）等[20-21]。

（a） （b）

图 1-10 工业机器人

（a）工业搬运机器人；（b）工业送料机器人

（a） （b）

图 1-11 探测机器人

（a）航天探测机器人；（b）星际探险机器人

（a） （b）

图 1-12 服务机器人

（a）家政机器人；（b）扫地机器人

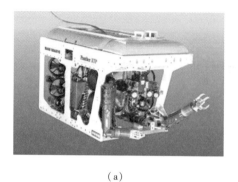
（a）

（b）

图 1-13　水下机器人

（a）深海探测机器人；（b）海洋探险机器人

（a）

（b）

图 1-14　娱乐机器人

（a）NAO 娱乐机器人；（b）SONY 娱乐机器人

（a）

（b）

图 1-15　军用机器人

（a）运输机器人；（b）作战机器人

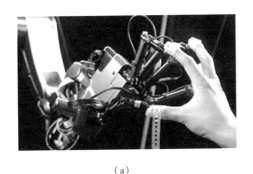
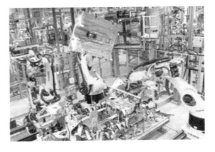

（a）　　　　　　　　　　　　　　（b）

图 1 –16　机器人化机器

（a）工业灵巧手；（b）机器人生产线

1.3.2　什么是仿生学

仿生学（bionics）一词最早是在 1958 年由美国人斯蒂尔（Jack Ellwood Steele）采用拉丁文"bios"（生命方式）和词尾"nic"（具有……性质的）组合而成[22]。

仿生学是研究生物系统的结构、性状、原理、行为，为工程技术提供新的设计思想、工作原理和系统构成的技术科学，是一门生命科学、物质科学、数学、力学、信息科学、工程技术以及系统科学等学科交叉而成的新兴学科[23]。仿生学为科学技术创新提供了新思路、新理论、新原理和新方法。

今天，人们已越来越清醒地认识到：生物具有的功能比迄今任何人工制造的机械装备或技术系统都优越得多，仿生学就是要有效地应用生物功能并在工程上加以实现的一门学科，仿生学的研究和应用将打破生物和机器的界限，将各种不同的系统沟通起来。

仿生学的研究范围主要包括：形态仿生、结构仿生、力学仿生、分子仿生、能量仿生、信息与控制仿生等。下面将主要对前两种仿生形式作重点阐述，余者只作一般性介绍。

1. 形态仿生

（1）生物形态与形态仿生。

在仿生学领域，所谓形态是指生物体外部的形状。所谓形态学是指研究生物体外部形状、内部构造及其变化的科学。所谓形态仿生是指模仿、参照、借鉴生物体的外部形状或内部构造来设计、制造人工系统、装置、器具、物品。形态仿生的关键在于要能将生物体外部形状或内部构造的精髓及特征巧妙应用在人工系统、装置、器具、物品中，使之"青出于蓝而胜于蓝"。

对于各种模仿、借鉴或参照生物体的外部形状或内部构造而制造出的人工系统、装置、器具、物品来说，仿生形态是这些人造物体机能形态的一种形式。实际上，仿生形态既有物体一般形态的组织结构和功能要素，同时又区别于物体的一般形态，它来自设计师对生物形态或结构的模仿与借鉴，是受自然界生物形态及结构启示的结果，是人类智慧与生物特征结合的产物[24]。长期以来，人类生活在奇妙莫测的自然界中，与周围的生物比邻而居，这些生物千奇百怪的形态、匪夷所思的构造、各具特色的本领，始终吸引着人们去想象和模仿，并引导着人类制作工具、营造居所、改善生活、建设文明。例如，我国古代著名工匠鲁班，从茅草锯齿状的叶缘中得到启迪，制作出锯子。无独有偶，古希腊的发明家从鱼类梳子状的脊骨中受到启发，也制作出了锯子。

大自然和人类社会是物质的世界，也是形态的世界（见图1-17）。事物总是在不断地变化，形态也总是在不断地演变。自然界中万事万物的形态是自然竞争和淘汰的结果。这种竞争和淘汰永无终结。自然界不停地为人们提供着新的形态，启迪着人类的智慧，引导人类从形态仿生上迈出创新的步伐。

图1-17　生物的形态

现代社会文明的主体是人和人所制造的机器。人类发明机器的目的是用机器代替人来完成繁重、复杂、艰苦、危险的体力劳动。但是机器能在多大程度上代替人类劳动，尤其是人类的智力劳动，会不会因机器的大量使用而给人类造成新的问题？这些问题应该引起当今世界的重视[25]。大量机器的使用让人类工作岗位出现了前所未有的短缺。人类已经在这种现代文明所导致的生态失调状况下开始反思并力求寻找新的出路。建立人与自然、人与机器的和谐关系，重塑科技价值和人类地位，在人与机器、生态自然与人造自然之间建立共生共荣的结构，从人造形态的束缚中解脱出来，转向从自然界生物形态中借鉴设计形态，是当代生态设计的一种新策略和新理念。

首先，形态仿生的宜人性可使人与机器形态更加亲近[26]。自然界中生物的进化，物种的繁衍，都是在不断变化的生存环境中以一种合乎逻辑与自然规律的方式进行着调整和适应。这都是因为生物机体的构造具备了生长和变异的条件，它随时可以抛弃旧功能，适应新功能。人为形态与空间环境的固定化功能模式抑制了人类同自然相似的自我调整与适应关系。因此，形态设计要根据人的自然和社会属性，同时在设计的灵活性和适应性上要最大限度地满足个性需求。

其次，形态仿生蕴含着生命的活力。生物机体的形态结构为了维护自身、抵抗变异形成了力量的扩张感，使人感受到一种自我意识的生命和活力，唤起人们珍爱生活的潜在意识，在这种美好和谐的氛围下，人与自然融合、亲近，消除了对立心理，使人们感到幸福与满足。

再次，形态仿生的奇异性丰富了造型设计的形式语言。自然界中无数生物丰富的形体结构、多维的变化层面、巧妙的色彩装饰和变幻的图形组织以及它们的生存方式、肢体语言、声音特征、平衡能力为人工形态设计提供了新的设计方式和造美法则。生物体中体现出来的与人沟通的感性特征将会给设计师们新的启示。

人类对自然界中的广大生物进行形态研究和模拟设计源远流长、历史悠久，但是它作为一门独立的学科却是 20 世纪中叶的事情。1958 年，美国人 J·E·斯蒂尔首创了仿生学，其宗旨就是借鉴自然界中广大生物在诸多方面表现出来的优良特性，研究如何制造具有生物特征的人工系统。在某种意义上人们可以认为：模仿是仿生学的基础，借鉴是仿生学的方法，移植是仿生学的手段，妙用是仿声学的灵魂。例如，枫树的果实借助其翅状轮廓线外形从树上旋转下落，在风的作用下可以飘飞得很远。受此启发，人们发明了陀螺飞翼式玩具，而这又是目前人类广泛使用的螺旋桨的雏形。

现代飞行器的仿生原型是在天空中自由翱翔的飞鸟（见图 1-18）。鸟的外形可减少飞行阻力，提高飞行效率，飞机的外形则是人们对鸟进行形态仿生设计的结果（见图 1-19）。鸟的翅膀是鸟用以飞行的基本工具，可分为四种类型：起飞速度高的鸟类其翅膀多为半月形，如雉类、啄木鸟和其他一些习惯于在较小飞行空间活动的鸟类[27]，这些鸟的翅膀在羽毛之间还留有一些小的空间，使它们能够减轻重量，便于快速行动，但这种翅膀不适合长时间飞行。褐雨燕、雨燕和猛禽类的翅膀较长、较窄、较尖，正羽之间没有空隙，这种比较厚实的翅膀可向后倒转，类似于飞机的两翼，可以高速飞行。其他两种翅膀是"滑翔翅"和"升腾翅"，外形类似，但功能不同。滑翔翅以海鸟为代表，如海鸥等，其翅膀较长、较窄、较平，羽毛间没有空隙。在滑翔飞行期间，鸟不用扇动翅膀，而是随着气流滑翔，这样可以使翅膀得到休息。滑翔时，鸟会下落得越来越低，直到必须开始振动翅膀停留在空中为止。在其他时间，滑翔翅鸟类则可在热空气流上高高飞翔几个小时。升腾翅结构以老鹰、鹤和秃鹫为代表。与滑翔翅不同的是，升腾翅羽毛之间留有较宽的空间，且较短，这样可以产生空气气流的变化。羽毛较宽，使鸟能承运猎物。此外，这些羽毛还有助于增加翅膀上侧空气流动的速度。当鸟将其羽毛的顶尖向上卷起的时候，可以使飞行增加力量，而不需要拍打翅膀。这样，鸟就可以利用其周围的气流来升腾而毫不费力。升腾翅鸟类还有比较宽阔的飞行羽毛，这样可以大大增加翅膀的面积，可以在热空气流上更轻松地翱翔。

图 1 - 18　振翅欲飞的鸟

图 1 - 19　人造雄鹰

鸟的翅膀外面覆盖着硬羽（见图 1 - 20），其形状由羽毛的分布决定。随着羽毛向下拍动，鸟翅膀下方的空气就形成一种推动力，称为阻力，并且由于飞行羽毛羽片的大小不同，羽片两边的阻力也有所不同。翅膀的功能主要是产生上升力和推动力。比较而言，飞机的双翼只能产生上升力（见图 1 - 21），其飞行所需的推动力来自发动机的推进力。

图 1 - 20　鸟的翅膀

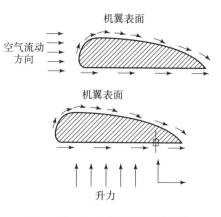

图 1 - 21　飞机机翼截面受力图

鸟的骨头属于中空结构，使身体重量得以减轻，适宜在空中飞行。飞机为了减轻机身重量，采用高强度铝合金、ABS 工程塑料等轻型材料。虽然现代化的飞机飞得比鸟高、比鸟快、比鸟远，但说到耗能水平、灵活程度和适应场合，鸟类仍然遥遥领先，人类在飞行技术方面还得大力开展仿生研究[28]。

形态仿生设计是人们模仿、借鉴、参照自然界中广大生物外部形态或内部结构而设计人工系统、装置、器具、物品的一种充满智慧和创意的活动，这种活动应当充满创新性、合理性和适用性。因为对生物外部形态或内部结构的简单模仿和机械照搬是不能得到理想设计结果的。

人们经过认真思考、仔细对比，合理选择将要模仿的生物形态，确定可资借鉴和参考的形态特征展开研究，从功能入手，从形态着眼，经过对生物形态精髓的模仿，而创造出功能更优良、形态更丰富的人工系统。

实际上，人类造物的许多信息都来自大自然的形态仿生和模拟创造（见图 1-22）。尤其是在当今的信息时代里，人们对产品设计的要求不同于以往[29]。人们不仅关注产品功能的先进与完备，而且关注产品形态的清新与淳朴，尤其提倡产品的形态仿生设计，让产品的形态设计回归自然，赋予产品形态以生命的象征是人类在精神需求方面所达到的一种新境界。

图 1-22 具有形态仿生特点的人造物

德国著名设计大师路易吉·科拉尼曾说："设计的基础应来自诞生于大自然的、生命所呈现的真理之中。"这句话完完整整地道出了自然界蕴含着无尽设计宝藏的天机[30]。对于当代设计师们来说，形态仿生设计与创新的基本条件一是能够正确认识生物形态的功能特点、把握生物形态的本质特征，勇于开拓创新思维，善于开展创新设计；二是具有扎实的生物学基础知识，掌握形态仿生设计的基本方法，乐于从自然界、人类社会的原生状况中寻找仿生对象，启发自我的设计灵感，并在设计实践中不断加以改进与完善。

在很多情况下，由于受传统思维和习惯思维的局限，人们思维的触角常常会伸展不开，触及不到事物的本源上去。从设计创新的角度分析，自然界广大生物的形态虽是人们进行形态仿生的源泉，但它不应该成为人们开展形态仿生设计的僵化参照物。所谓形态仿生，仿的应该是生物机能的精髓，因此，形态仿生设计应该是在创新思维指导下，使形态与功能实现完美结合。

科学研究表明，自然界的众多生物具有许多人类不具备的感官特征[31]。例如，水母能感受到次声波而准确地预知风暴；蝙蝠能感受到超声波；鹰眼能从3 000 m高空敏锐地发现地面运动着的猎物；蛙眼能迅速判断目标的位置、运动方向和速度，并能选择最好的攻击姿势和时间。大自然的奥秘不胜枚举。每当人们发现一种生物奥秘，就为仿生设计提供了新的素材，也就为人类发展带来了新的可能。从这个意义上讲，自然界丰富的生物形态是人们创新设计取之不尽的宝贵题材。

自然界中万事万物的外部形态或内部结构都是生命本能地适应环境生长、进化的结果，这种结果对于当今的设计师来说是无比宝贵的财富，设计师们应当充分利用这些财富。那么，在形态仿生及其创新设计活动中，人们究竟应当怎么做呢？以下思路可能会对人们有所助益。

思路一：建立相关的生物功能—形态模型，研究生物形态的功能作用，从生物原型上找到对应的物理原理，通过对生物功能—形态模型的正确感知，形成对生物形态的感性认识[32]。从功能出发，研究生物形态的结构特点，在感性认识的基础上，除去无关因素，建立精简的生物功能—形态分析模型。在此基础上，再对照原型进行定性分析，用模型来模拟生物的结构原理。

思路二：从相关生物的结构形态出发，研究其具体的尺寸、形状、比例、机能等特性。用理论模型的方法，对生物体进行定量分析，探索并掌握其在运动学、结构学、形态学方面的特点。

思路三：形态仿生直接模仿生物的局部优异机能，并加以利用。如模仿海豚皮制作的潜水艇外壳减少了前进阻力，船舶采用鱼尾型推进器可在低速下取得较大推力。应当注意的是，在形态仿生的研究和应用中很少模仿生物形态的细节，而是通过对生物形态本质特征的把握，吸取其精髓，模仿其精华。

形态仿生及其创新设计包含了非常鲜明的生态设计观念。著名科学家科克尼曾说："在几乎所有的设计中，大自然都赋予了人类最强有力的信息"。形态仿生及其创新设计对探索现代生态设计规律无疑是一种有益的尝试和实践。

（2）生物形态与工程结构。

经过自然界亿万年的演变，生物在进化过程中其形态逐步向最优化方向发展。在形形色色的生物种类中，有许多生物的外部形态或内部结构精妙至极，且高度符合力学原理。人们可以从静力学的角度出发，来观察一下生物形态或结构的奥秘之处，并感受其对工程结构设计的指导作用。

自然界中有许多参天大树（见图1-23），其挺拔的树干不但支撑着树木本身的重量，而且还能抵抗风暴和地震的侵袭。这除了得益于其粗大的树干外，庞大根系的支持也是大树巍然屹立的重要原因[33]。一些巨大的建筑物便模仿大树的形态来进行设计（见图 1 – 24），把高楼大厦建立在牢固可靠的地基上。

图 1 – 23 参天大树

图 1 – 24 摩天大厦

鸟类和禽类的卵担负着传递基因、延续种族的重要任务，亿万年的进化使卵多呈球形或椭球形。这种形状的外壳既可使卵在相对较小的体形下有相对较大的内部空间，同时还可使卵能够抵抗外界的巨大压力。例如，人们用手握住一枚鸡蛋，即使用力捏握，也很难把蛋弄破。这是因为鸡蛋的拱形外壳与鸡蛋内瓤表面的弹性膜一起构成了预应力结构，这种结构在工程上有个专门的术语——薄壳结构。自然界中的薄壳结构具有不同形状的弯曲表面，不仅外形美观，而且承压能力极强，因而始终是建筑师们悉心揣摩的对象。建筑师们模仿蛋壳设计出了许多精妙的薄壳结构，并将这些薄壳结构运用在许多大型建筑物中，取得了令人惊叹的效果（见图 1 – 25）。

（a）

（b）

图 1 – 25 具有薄壳结构外形的大型建筑物

（a）中国国家大剧院；（b）日本东京巨蛋

（3）生物形态与运动机构。

现代的各种人造交通工具，无论是天上飞的飞机，还是地面跑的汽车，或是水里游的轮船，对其运动场合和运行条件都有着一定要求。若运动场合或运行条件不合适，那么它们就无法正常工作。一辆在高速公路上捷如奔马的汽车，如果陷入泥泞之中则将寸步难行；一艘在汪洋大海中宛若游龙的轮船，如果驶入浅滩之中则将无法自拔；一架在万里长空中翻腾似鹰的飞机，如果没有跑道起飞则将趴在地面上望空兴叹。但自然界中有许多生物，在长期的进化和生存过程中，其运动器官和身体形态都进化得特别合理，有着令人惊奇的运动能力。

昆虫是动物界中的跳跃能手，许多昆虫的跳跃方式十分奇特，跳跃本领也十分高强。如果按相对于自身体长来考察的话，叩头虫（见图1-26）的跳跃本事在动物界中名列前茅。在无须助跑的情况下，其跳跃高度可达体长的几十倍。叩头虫之所以如此善跳，其奥秘就在于叩头虫的前胸和腹部之间的连接处具有相当发达的肌肉，特殊的关节构造能够让其前胸向身体背部方向摆动。由于叩头虫在受到惊吓或逃避天敌时会以假死来欺骗敌人，将脚往内缩而掉落到地面，此时就可以利用关节肌肉的收缩，以弹跳的方式迅速逃离现场。

昆虫界中的跳蚤（见图1-27）也是赫赫有名的善跳者。跳蚤的身体虽然很小，但长有两条强壮的后腿，因而善于跳跃。跳蚤能跳20多厘米高，还可以跳过其身长350倍的距离，相当于一个人一步跳过一个足球场[34]。

如果在昆虫界中进行跑、跳、飞等多项竞赛，则全能冠军非蝗虫莫属（见图1-28）。蝗虫有着异常灵活、高度机动的运动能力，其身体最长的部分便是后腿，大约与身长相等。强壮的后腿使蝗虫随便一跃便能跳出身长八倍的距离。

图1-26 叩头虫　　　　　图1-27 跳蚤　　　　　图1-28 蝗虫

非洲猎豹是动物界中的短跑冠军（见图1-29）。成年猎豹躯干长1～1.5 m，尾长0.6～0.8 m，肩宽0.75 m，肩高0.7～0.9 m，体重50 kg左右。猎豹目光敏锐、四肢强健、动作迅猛。猎豹是地球陆地上跑得最快的动物，时速可达 112 km/h，而且加速度也非常惊人，从起跑到最高速度仅需 4 秒。如果人类和猎豹进行短跑比赛的话，即便是以 9.69 秒的惊人成绩获得 2008 年北京奥运会男子田径比赛 100 m 冠军的牙买加世界飞人博尔特，猎豹也可以让他先跑 60 m，然后奋起直追，最后领先到达终点的仍是猎豹[35]。猎豹为什么跑得这么快呢？这与其身体结构密切相关，猎豹的四肢很长，身体很瘦，脊椎骨十分柔软，容易弯曲，就像一根弹簧一样。猎豹高速跑动时，前、后肢都在用力，身体起伏有致，尾巴也能适时摆动起到平衡作用。

动物界中的跳跃能手还有非洲大草原上的汤普逊瞪羚（见图 1 – 30）。汤普逊瞪羚是诸多瞪羚中最出名的一种，它们身材娇小、体态优美、能跑善跳。汤普逊瞪羚对付强敌的办法就是"逃跑"。非洲草原上，其速度仅次于猎豹，而且纵身一跳就可以高达 3 m、远至 9 m。汤普逊瞪羚胆小而敏捷，一旦发现危险，就会撒开长腿急速奔跑，速度可达每小时 90 km。当危险临近时，它们会将四条腿向下直伸，身体腾空高高跃起。这种腾跃动作，既可用来警告其他瞪羚危险临近，同时也能起到迷惑敌人的作用。

袋鼠（见图 1 – 31）的跳跃能力也十分惊人。袋鼠属于有袋目动物，目前世界上总共有 150 余种。所有袋鼠都有一个共同点，长着长脚的后腿强健有力。袋鼠以跳代跑，最高可跳到 6 m，最远可跳至 13 m，可以说是跳得最高最远的哺乳动物[36]。袋鼠在跳跃过程中用尾巴进行平衡，当它们缓慢走动时，尾巴则可作为第五条腿起支撑作用。

图 1 – 29　猎豹

图 1 – 30　瞪羚

图 1 – 31　袋鼠

在浩瀚的沙漠或草原中，轮式驱动的汽车即使动力再强劲，有时也会行动蹒跚，进退两难。但羚羊和袋鼠却能在沙漠和草原上如履平地，它们依靠强劲的后肢跳跃前进。借鉴袋鼠、蝗虫等的跳跃机理，人们现在已经研制出新型跳跃机（见图 1 – 32）和跳跃机器人（见图 1 – 33）。虽然它们没有轮子，可是依靠节奏清晰、行动协调的跳跃运动，这些跳跃机和跳跃机器人依然可以在起伏不平的田野、草原或沙漠地区自由通行。

图1-32 新型跳跃机

图1-33 仿蝗虫跳跃机器人

但是世界上还有许多地方，如茫茫雪原或沼泽，即使拥有强壮有力的腿脚，也是难以行进的。漫步在南极皑皑雪原上的绅士——企鹅，给人类以极大的启示。在遇到紧急情况时，企鹅会扑倒在地，把肚皮紧贴在雪面上，然后蹬动双脚，便能以每小时30 km的速度向前滑行（见图1-34）。这是因为经过两千多万年的进化，企鹅的运动器官已变得非常适宜于雪地运动。受企鹅的启发，人们研制出新型雪地车（见图1-35），可在雪地与泥泞地带快速前进，速度可达每小时50 km。

图1-34 企鹅

图1-35 雪地车

2. 结构仿生

在科学技术发展历程中，人们不但从生物的外部形态去汲取养分、激发灵感，而且从生物的内部结构去获得启发、产生创意，从而极大地推动了人类科学技术水平的提高。当前，人们不仅应当模仿与借鉴生物的外部形态进行形态仿生，而且应当模仿与借鉴生物的内部结构进行结构仿生，要通过学习、参考与借鉴生物内部的结构形式、组织方式与运行模式，为人类开辟仿生学新天地创造条件。

大自然中无穷无尽的生物为人类开展结构仿生提供了优良的样本和实例[32]。

蜜蜂是昆虫世界里的建筑工程师。它们用蜂蜡建筑极其规则的等边六角形蜂巢（见图 1－36）。几乎所有的蜂巢都是由几千甚至几万间蜂房组成[37]。这些蜂房是大小相等的六棱柱体，底面由三个全等的菱形面封闭起来，形成一个倒角的锥形，而且这三个菱形的锐角都是 70°32′，蜂房的容积也几乎都是 0.25 cm³。每排蜂房互相平行排列并相互嵌接，组成了精密无比的蜂巢。无论从美观还是实用的角度来考虑，蜂巢都是十分完美的[38]。它不仅以最少的材料获得了最大的容积空间，而且还以单薄的结构获得了最大的强度，十分符合几何学原理和省工节材的建筑原则。蜜蜂建巢的速度十分惊人，一个蜂群在一昼夜内就能盖起数以千计的蜂房。在蜂巢的启发下，人们研制出了人造蜂窝结构材料（见图 1－37），这种材料具有重量轻、强度高、刚度大、绝热性强、隔音性好等一系列的优点。目前，人造蜂窝结构材料的应用范围非常广泛，不仅用于建筑行业，航天、航空领域也可见到它的身影，许多飞机的机翼中就采用了大量的人造蜂窝结构材料。

图 1－36　蜂窝

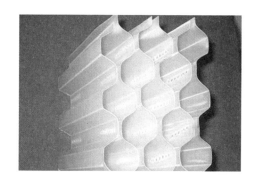

图 1－37　人造蜂窝结构板材

（1）总体结构仿生。

对应于生物的结构组成形式，人们还可将结构仿生具体分为总体结构仿生和肢体结构仿生。所谓总体结构仿生意指在人造物的总体设计上借鉴了生物体结构的精华部分。例如，鸟巢是鸟类安身立命、哺育后代的"安乐窝"（见图 1－38），在结构上有着非常精妙之处。2001 年普利茨克奖获得者瑞士建筑设计师赫尔佐格、德梅隆设计事务所、奥雅纳工程顾问公司及中国建筑设计研究院李兴刚等人合作，模仿鸟巢的整体特点和结构特征，设计出气势恢宏、独具特色的 2008 年北京奥运会主会场——"鸟巢"（见图 1－39）。该体育场主体由一系列辐射式门型钢桁架围绕碗状座席区旋转而成，空间结构科学简洁，建筑结构完整统一，设计新颖，造型独特，是目前世界上跨度最大的钢结构建筑，形态如同孕育生命的"鸟巢"。设计者们对该体育场没做任何多余的处理，只是坦率地把结构暴露在外，达到了自然和谐、庄重大方的外观设计效果。

图1-38 鸟巢   图1-39 北京奥运会主会场

（2）肢体结构仿生。

在生物界中，形形色色的动物具有形形色色的肢体，其中很多具有巧妙的结构和高超的能力，是人类模仿和学习的榜样。

低等无脊椎动物没有四肢，或只有非常简单的附肢；高等脊椎动物四肢坚强，运动非常有力。

鱼的四肢是鳍状的，前肢是一对胸鳍，后肢是一对腹鳍；胸鳍主要起转换方向的作用，腹鳍主要辅助背、臀鳍保持身体平衡。

两栖动物有着坚强有力的五趾型附肢。青蛙的前肢细而短，后肢粗而长，趾间有称之为蹼的肉膜（见图1-40）。这些特点使青蛙既能在水中游泳，又能在陆地爬行、跳跃。

鸟类的双腿是其后肢，其前肢演变为翅膀，能够在天空中自由飞翔。鸵鸟虽然名为鸟，但其并不会飞行，其后肢演化成一双强健有力的长腿（见图1-41），能够在沙漠中长途奔跑。

图1-40 青蛙   图1-41 鸵鸟

哺乳动物大多具有发育完备的四肢，能灵巧地运动或快速地奔跑。哺乳动物的四肢变化很大。袋鼠的后肢非常坚强，长度约为前肢的五、六倍；蝙蝠的前肢完全演变成皮膜状的翼，能够在空中飞行；鲸类的前肢变成鳍状，后肢基本消失；海豹的四肢演变为桨状的鳍脚，后鳍朝后，不能弯曲向前，成为主要的游泳器官。

　　由于生物的肢体在结构特点、运动特性等方面具有相当优异的表现，始终是人们进行人造装置设计与制作的理想模拟物和参照物。例如，借鉴螃蟹和龙虾的肢体结构（见图 1 - 42 和图 1 - 43），人们研制出了新型仿生机器人（见图 1 - 44 和图 1 - 45）。

图 1 - 42　螃蟹

图 1 - 43　龙虾

图 1 - 44　仿螃蟹机器人

图 1 - 45　仿龙虾机器人

3. 力学仿生

　　力学仿生是研究并模仿生物体整体结构与精细结构的静力学性质，以及生物体各组成部分在体内相对运动和生物体在环境中运动的动力学性质[39]。例如，建筑上模仿贝壳修造的大跨度薄壳建筑，模仿股骨结构建造的立柱，既消除应力特别集中的区域，又可用最少的建材承受最大的载荷。军事上模仿海豚皮肤的沟槽结构，把人造海豚皮包敷在舰船的外壳上，可减少航行湍流，提高航速。

4. 分子仿生

分子仿生是研究与模拟生物体中酶的催化作用、生物膜的选择性、通透性、生物大分子或其类似物的分析与合成等。例如，在搞清森林害虫舞毒蛾性引诱激素的化学结构后，人们合成了一种类似的有机化合物，在田间捕虫笼中用千万分之一微克，便可诱杀雄虫[40]。

5. 能量仿生

能量仿生是研究与模仿生物电器官发光、肌肉直接把化学能转换成机械能等生物体中的能量转换机理、方式与过程[41]。

6. 信息与控制仿生

信息与控制仿生是研究与模拟感觉器官、神经元与神经网络，以及高级中枢的智能活动等方面生物体中的信息处理过程。例如，根据象鼻虫视动反应制成的"自相关测速仪"可测定飞机着陆时的速度。根据鲎复眼视网膜侧抑制网络的工作原理，研制成功可增强图像轮廓、提高反差、从而有助于模糊目标检测的一些装置。目前，人们已建立的神经元模型达 100 种以上，并在此基础上构造出新型计算机。

模仿人类的学习过程，人们制造出了一种称为"感知机"的机器，它可以通过训练，改变元件之间联系的权重来进行学习，从而能够实现模式识别[42]。此外，它还研究与模拟体内稳态、运动控制、动物的定向与导航等生物系统中的控制机制。

在人们日常生活中司空见惯的很多技术其实都和仿生学密不可分。例如，人们根据萤火虫发光的原理，研制出了人工冷光技术。自从人类发明了电灯，生活变得方便、丰富多了。但电灯只能将电能的很少一部分转变成可见光，其余大部分都以热能的形式浪费掉了，而且电灯的热射线有害于人眼。那么，有没有只发光不发热的光源呢？人类又把目光投向了大自然。在自然界中，有许多生物都能发光，如细菌、真菌、蠕虫、软体动物、甲壳动物、昆虫和鱼类等，这些动物发出的光都不产生热，所以又被称为"冷光"[43]。

在众多的发光动物中，萤火虫的表现相当突出。它们发出的冷光其颜色多种多样，有黄绿色、橙色，光的亮度也各不相同。萤火虫发出冷光不仅具有很高的发光效率，而且一般都很柔和，十分适合人类的眼睛，光的强度也比较高。因此，生物光是一种理想的光。

科学家研究发现，萤火虫的发光器位于腹部。这个发光器由发光层、透明层和反射层三部分组成。发光层拥有几千个发光细胞，它们都含有荧光素和荧光酶两种物质[44]。在荧光酶的作用下，荧光素在细胞内水分的参与下，与氧化合便发出荧光。萤火虫的发光，实质上是把化学能转变成光能的过程[45]。

在 20 世纪 40 年代，人们根据对萤火虫的仿生学研究，创造了日光灯，使人类的照明光源发生了很大变化。近年来，科学家先是从萤火虫的发光器中分离出了纯荧光素，后来又分离出了荧光酶，接着，又用化学方法人工合成了荧光素。由荧光素、荧光酶、腺苷三磷酸和水混合而成的生物光源，可在充满爆炸性气体——瓦斯的矿井中当照明灯使用。由于这种光不使用电源，不会产生磁场，因而可以确保安全生产。

1.3.3　仿生机器人的特点、应用与发展

在机器人研究领域中，将仿生学与机器人学紧密结合的仿生机器人近年来受关注程度最高，受支持力度最大，是机器人未来发展的主流方向之一。当代机器人研究的领域已经从结构环境下的定点作业中走出来，向航空航天、星际探索、军事侦察、资源勘探、水下探测、管道维护、疾病检查、抢险救灾等非结构环境下的自主作业方面发展[46]。未来的机器人将在人类不能或难以到达的已知或未知环境里为人类工作。人们要求机器人不仅适应原来结构化的、已知的环境，更要适应未来发展中的非结构化的、未知的环境。除了传统的设计理论与方法之外，人们把目光对准了丰富多彩的生物界，力求从门类繁多的动植物身上获得灵感，将它们的运动机理和行为方式运用到对机器人运动机理和控制模式的研究中，这就是仿生学在机器人科学中的应用[47]。这一应用已经成为机器人研究领域的热点之一，势必推动机器人研究的蓬勃发展。

生物的运动行为、协调机能、探索机理、控制方式已经成为人们进行机器人设计、实现其灵活控制的思考源泉，促进了各类仿生机器人的不断涌现[48]。众所周知，仿生机器人就是模仿自然界中生物的外部形状或内部机能的机器人系统。时至今日，仿生机器人的类型已经很多，按其模仿特性可分为仿人类肢体和仿非人生物两大类。由于仿生机器人所具有的灵巧动作对于人类的生产、生活和科学研究有着极大的帮助，所以，自 20 世纪 80 年代中期以来，科学家们就开始了有关仿生机器人的研究[49]。

仿生机器人主要分为仿人类肢体机器人和仿非人生物机器人[50]。仿人类肢体又可以分为仿人手臂和仿人双足。仿非人的主要分为宏型机器人和微型机器人。仿人手臂型机器人主要是研究其自由度和多自由度的关节型机器人操作臂、多指灵巧手及手臂和灵巧手的组合。仿人双足型机器人主要是研究双足步行机器人机构。宏型仿非人生物机器人主要是研究多足步行机器人（四足，六足，八足）、蛇形机器人、鱼形水下机器人等，其体积结构较大。微型仿非人生物机器人主要是研究各类昆虫型机器人，如仿尺蠖虫行进方式的爬行机器人、微型机器狗、仿蟋蟀机器人、仿蟑螂机器人、仿蝗虫机器人等。

仿生机器人的主要特点包括：一是多为冗余自由度或超冗余自由度的机器人，机构比较复杂；二是其驱动方式不同于常规的关节型机器人，多采用绳

索、人造肌肉、形状记忆金属等方式驱动。

今天，科学家们已经研制出了或能飞、或善跑，或可自由遨游在海洋中的各类仿生机器人，例如仿生鱼（见图 1-46）、仿生鸟（见图 1-47）、仿象鼻机械臂（见图 1-48）、仿生狗（见图 1-49）、仿生猎豹（见图 1-50）等，并且，仿生机器人的家族人丁兴旺，仍在不断的壮大。可以预期，仿生机器人必将在人们的生产、生活中发挥越来越大的作用。

图 1-46　仿生鱼

图 1-47　仿生鸟

图 1-48　仿象鼻机械臂

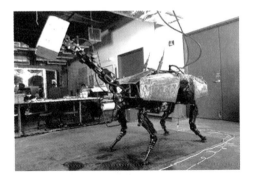

图 1-49　BigDog

图 1-50　MIT Cheetah

当今最为先进的仿生四足机器人是由美国波士顿动力公司研发的 BigDog（见图 1 - 49）。地球上有一半以上的地形不适合轮式机器人运动，为了让机器人能够涉足这些地方代替人类完成特定任务，波士顿动力公司设计了 BigDog 机器人，它是一个可适应复杂地形的四足机器人，采用液压驱动，功重比非常大。经过几代优化后，可以实现灵活的行走、小跑，攀爬斜坡和跨越障碍，甚至能够以奔跑步态行进。BigDog 令人叫绝的运动能力表现在它可以在丛林、沼泽、山岭、雪地、冰面上稳健自如地运动，在突然失去平衡时能够表现出强悍的调节能力，尤为突出的抗侧向冲击能力。新一代 BigDog 增加了一个机械臂，可以抓取和抛投重物，这将会增加它在复杂环境中的适应能力，也有利于它能够移开前进道路上的障碍物，更加顺利地行进。

未来，仿生机器人的发展趋势主要体现在四个方面：一是朝小型化与微型化方向发展。微小型仿生机器人既可用于小型管道的检测维修作业，也可用于人体内部检查或微创手术，还可用于狭窄复杂环境中的特种作业，等等。仿生机器人微型化的关键在于所用器件的微型化和微系统的高效集成，即将驱动器、传动装置、传感器、控制器、电源等微型化后构成微机电系统[51]。二是朝续航时间长、运动能力强、作业范围广的移动式仿生机器人的方向发展。多功能、高性能的移动式仿生机器人将在工业、农业和国防上具有广泛的应用前景。三是朝具有医疗、娱乐、康复、助残等功能的仿生机器人的方向发展。如研制用于外科手术的多指灵巧手，用于陪伴老人、小孩的仿生机器人玩具，用于看护病人的仿生机器人和人工义肢等。四是朝实现仿生机器人群体化、网络化协同作业的方向发展。大量同类的仿生机器人群通常应用在需要多机器人协作的场合，如机器人生产线、柔性加工厂、消防、无人作战机群等[52]。将通过模仿蚂蚁、蜜蜂以及人的社会行为而衍生的仿生系统，通过个体之间的合作完成某种社会性行为，通过群体行为增强个体智能，进而提高系统整体的效率与性能。

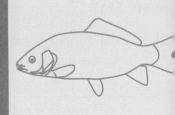

第 2 章
我能像鱼儿一样游泳

2.1 带你了解一下神奇的鱼儿

2.1.1 神奇的鱼儿

鱼类是生活在水中的一种脊椎动物。作为生物医学、仿生工程、环境保护科学等领域的常用实验对象或常见模拟目标，鱼类的研究已在世界各地获得了不少成果，近些年来，对鱼类的研究更为广泛和更加深入。这是因为，在已知的脊椎动物种属中，鱼类达 30 000 多种，而鸟类为约 8 600 种，哺乳类约为 4 500 种。可见将鱼类作为实验对象或模拟目标是取之不尽的宝贵资源。我国的鱼类资源也十分丰富，有 2 000 多种，其中海水鱼类有 1 500 多种，淡水鱼类约有 500 种。这些得天独厚的资源为我国广大科研人员开展各种生物医学、仿生工程研究创造了有利的条件。

地球可以算是一个水球，地球的水域非常辽阔，海洋占地球总面积十分之七，加上陆地上的江河湖泊，水域的面积就更大了。这样大面积的水域，为鱼类的生长、繁衍提供了广阔的场所。

鱼类是生活在水中的动物，但在水中生活的动物不仅有鱼类，还有其他脊椎动物和无脊椎动物。那么，用什么标准来区别它们呢？必须是终生生活在水中的脊椎动物；必须用鳍来行动；必须靠鳃来呼吸。如果不具备这三个特点，就不是鱼类。

选用鱼类进行生物医学、仿生工程研究具有很多独特的优点。比如，鱼类独特的生理特性、运动机能、身体形貌对人们都有极大的利用价值或借鉴作用。鱼类是自然界中最古老的脊椎动物，它们几乎栖居于地球上所有的水生环境——从淡水的湖泊与河流到咸水的大海与大洋[53]。经过亿万年的自然选择和不断进化，鱼类获得了许多非同寻常的本领。例如：大马哈鱼的祖辈原本生活在寒冷地区的河流中，但是那里食物缺乏，并不适合其长期生长。为了觅食和种族繁衍，它们不得不顺河而下，一直游到宽阔的海洋中去觅食成长。海洋中有着丰富的食物，它们在那里自由自在地生活。然而漫长的岁月并没有完全改变它们的习性，使它们完全适应海洋的生活，随着它们身体的成长与成熟，其思乡之情愈来愈强，无论离开出生地多远，它们也要返回故乡去养儿育女，因此幼年的大马哈鱼还离不开故乡的哺育。大马哈鱼的回乡之路漫长而艰辛，途中要经过高耸的瀑布、危险的湍流和其他许多障碍[54]。但是，无论回家的路途有多远、遇到的困难有多大，它们都百折不回、勇往直前。大马哈鱼有着极其灵敏的嗅觉器官，故乡的气味吸引着它们一直洄游，要经过数千公里的长途跋涉才能抵达它们旅行的终点——产卵地。刚开始出发的时候，大马哈鱼身体丰满，肤色俊美，精力充沛，其游泳的速度也很快，能够以 40 ~ 50 km/h 的速度昼夜不停地逆流而上。当它们仿佛唐僧一般经历九九八十一难，终于回到了魂牵梦萦的故乡的时候，大马哈鱼已经疲惫不堪，整个身体暗淡无光，背部瘦得像驼峰一样突出来，下颚向内变成钩状，又大又长的牙齿裸露在外，呈现出一副狰狞的面孔。即使这样，它们还在积极地筹划自己的婚礼。开始时它们先在清澈的溪流里嬉闹玩耍，然后成群结队地聚集在一个个的小石坑中，在那里雌鱼先产下卵子，雄鱼再将精液撒在上面，这是大马哈鱼一生中最辉煌的时刻。生殖完毕的大马哈鱼已经筋疲力尽了，在故乡甘美的水流中走完了生命的旅程，慢慢地死去。

有的鱼儿行动敏捷，游速如飞。例如：箭鱼能够快速启动、迅速加速，其游速能够达到 110 km/h；炮弹鱼可以在复杂的珊瑚礁、海草之间自由穿梭，高速捕食；飞鱼能以 40 km/h 的速度跃出水面，在风力适当时，飞鱼可以在离水面数米的空中滑翔数百米之远[36]。

有的鱼儿不仅具有高效的机动性能和协调的运动方式，还有许多令人咋舌的独特本领。例如：电鳗不仅可以自己发电，而且还能掌握放电的时间和强度，输出电压可达 300 ~ 800 V。对于电鳗来说，放电有时是一种生理需求，有时则是一种捕食和打击敌害的手段；海象鱼可以用尾巴来发射无线电波，这些电波碰到小鱼后就会立即被反射回来，且会被海象鱼背鳍底部的无线电波"接收器"所接收，这样海象鱼就可以检测到周围小鱼的位置，海象鱼是大自然中的"活雷达"；射鱼则是水族中的"神枪手"，生来就会一手"百步穿杨"的好本领，它能在水里射中水面以上植物茎叶处栖息的昆虫，几乎百发百中。

鱼类的神奇之处还可以通过下述世界吉尼斯纪录之最来加以了解。

最大的淡水鱼：19 世纪时，有人在俄国的第聂伯河捕获了一条大鲶鱼，体长 4.57 m，体重 326.88 kg[55]。

最小的淡水鱼：生活在菲律宾吕宋岛的矮虾虎鱼，身体近乎透明，成年雄体长度仅为 0.71 ~ 0.97 cm，体重 4 ~ 5 mg。

最大的海水鱼：大西洋、太平洋和印度洋温暖水域里生活的鲸鲨是最大的海水鱼。1949 年 11 月 11 日，有人捕获了一条体长为 12.65 m、体重为 15 254.4 kg 的巨大鲸鲨。

最小的海水鱼：生活在印度洋中部查戈斯群岛附近海域的小虾虎鱼，成年雄体平均长度为 0.87 cm，成年雌体平均长度为 0.88 cm。小虾虎鱼也是世界上最小的无脊椎动物。

游速最快的鱼：旗鱼游泳的速度极快，短距离冲刺可达 33 m/s 以上，长距离巡游也可达 120 km/h，比世界男子百米冠军——博尔特跑得快得多。

世界上最长的硬骨鱼：皇带鱼又称大鲱鱼王，是世界上最长的硬骨鱼、多骨鱼，也是世界上第二长的鱼类（第一长是鲸鲨），体长普遍约为 3 m，体长最高可达 11 m。

寿命最长的鱼：狗鱼身体修长，可达 1 m 以上，可活 200 多岁，堪称鱼中"老寿星"。狗鱼分布在北半球寒冷地区，其寿命超长可能与它们生活在寒冷地带有一定的关系。

寿命最短的鱼：生活在大堡礁珊瑚群海域的白虾虎鱼，平均寿命为 8 周，堪称寿命最短的鱼。记录在案活得最久的一条白虾虎鱼其寿命也只有 59 天。白虾虎鱼不仅在鱼类中寿命是最短的，而且在脊椎动物中也是寿命最短的。

产卵最多的鱼：科学家们通过测量发现，翻车鱼的每个鱼卵直径仅为 1.27 mm，一次产卵最多可达 3 亿粒，居鱼类之冠。

产卵最少的鱼：美国佛罗里达的齿鲤鱼在几天的产卵期中只产大约 20 个鱼卵。

孵化最奇特的鱼：天竺鲷把鱼卵衔含在嘴里慢慢孵化成幼鱼。

洄游距离最远的鱼：科学家们通过考察发现，欧洲鳗鲡从其产卵地——美洲百慕大群岛东南的马尾藻海游至其生活地——欧洲大陆淡水水域要经过5 000多 km 的跋涉，整个洄游过程历时两年。

生活水域最深的鱼：据有关资料记载，有人曾在 7 579 m 的深海中捕到过狮子鱼。

最耐寒的鱼：北极黑鱼能在零下 10℃ 的水域里自由自在地生活。

最凶猛的鱼：噬人鲨行动敏捷，其宽大的嘴里长有数排三角形的利齿，不但经常袭击大型鲸类和海豹，还会主动攻击航行中的渔船及捕鱼人，故称它为"噬人鲨"。

最懒惰的鱼：鮣鱼总是吸附在其他鱼类的身上，从不自行其力去游动。这种鱼分布于热带和温带水域，我国沿海地区均能见到其身影。

最毒的鱼：这项"桂冠"的得主非纹腹叉鼻鲀莫属。这种鱼分布在红海和印度洋、太平洋海域，它们的毒力与生殖腺活性密切相关，在繁殖季节前达到最高峰值。

最有趣的鱼：在安的列斯岛有一种铁球鱼，当它遇到攻击时，其躯体能迅速缩成球状，像铁球般坚硬，使攻击者无从下嘴。

雌雄相差最大的鱼：生活于深海中的角鮟鱇，雌鱼比雄鱼大几十倍，雄鱼只有生殖器官发达，其他器官退化，靠寄生在雌鱼身上生活。

放电最强烈的鱼：生长在巴西、哥伦比亚、委内瑞拉和秘鲁的河流中的中等电鳗可以释放出 400 V 的电压，据记载有时它的放电电压竟可高达 650 V。

变色能力最强的鱼：比目鱼的变色能力出类拔萃，比如在鲽鱼身上的橘红色斑点，当它游到有白色卵石的水底时，那些橘红色的斑点回马上变成白色斑点，以便能和环境统一起来。

最值钱的鱼：俄国鲟鱼是世界上极其昂贵的鱼。1924 年，有人在齐格赫雅的索那河里捕到了一条重达 2 285.12 kg、长达 8.5 m 的雌鲟鱼，产出了246.36 kg 鲟鱼子，这些鱼子在 1986 年值 184 500 美元，合到每千克 748.9美元。

2.1.2 鱼类的体形

体形是鱼类适应水下环境，得以在水下生存的一个重要条件。鱼类长期生活在水里，水的密度大，阻力大，浮力也大。鱼类要在这样特定的环境中活动，就必须有与这样的环境相适应的体形，否则鱼类是难以在水下生活的[56]。

一般说来，纺锤形的体形是比较适应密度大、阻力大的水下环境的，所以大多数鱼类都具有这一类体形。另外由于水底的地势环境相当复杂，各种鱼类对于环境的适应方式也各有不同，体形也必然会有所区别。

　　鱼类的体形是依据鱼体的三个体轴（见图2-1）的长短比例来确定的。从头至尾成为头尾轴 AA'，背顶至腹成为背腹轴 BB'，左侧至右侧成为左右轴 CC'。以这三个体轴的长短比例来分类，鱼类大体可分为以下五种类型：

　　①纺锤形。这是鱼类的标准体形，也是比较常见的鱼类体形。这种体形的鱼类，头尾轴最长，背腹轴次之，左右轴最短。整个鱼体是中间大，两头尖，像个梭子一样。这种鱼体基本上是流线型的，能经受水的压力，在水中游动阻力小，因此游速快，动作灵活。金枪鱼（见图2-2）、鲐鱼、马鲛鱼、黄鱼、青鱼、鲤鱼、鳜鱼、鲨鱼等许多鱼类都属于这一类型。

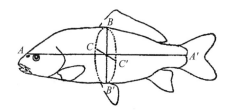

图2-1　鱼体的三个体轴　　　　　　　图2-2　金枪鱼

　　②侧扁形。这种体形的鱼类头尾轴较短，背腹轴较长，左右轴最短，身体呈扁而高的侧扁形。该鱼类大部分生活在水深流缓处，多数不适于快速游泳，动作也较迟钝，难以快速追捕食物。鳊鱼、鲂鱼、鲢鱼、鲳鱼（见图2-3）等都属于这一类型。

　　窄扁而体长的侧扁形鱼类，像带鱼（见图2-4）、刀鱼等，游速较快，带鱼能似蛇一般地扭动身体在水中迅速前进。

图2-3　鲳鱼　　　　　　　　　　图2-4　带鱼

　　③平扁形。这种体形的鱼类背腹轴很短，左右轴较长，由于两侧的胸鳍和体躯已退化结合在一起，组成一个平扁形的体形，如魟鱼、鳐鱼（见图2-5）等鱼类。这些鱼类长期生活在水的低层，动作特别缓慢。

　　④棍棒形。这种体形的鱼类头尾轴特别长，背腹轴和左右轴均较为短小，身体呈头小尾尖的长圆棍形。如鳗鱼（见图2-6）、鳝鱼等。这种鱼类的身体

多是无鳞黏滑的，适合钻泥入穴、穿缝过草的生活，游速也较慢。

图 2 - 5 魟鱼 　　　　　　　　　　　图 2 - 6 鳗鱼

⑤不对称形。有些鱼类的体形属于不对称的，例如木叶鲽（见图 2 - 7），它的双眼长在身体的一侧。

一般的鱼类都可以划归上述五种基本体形，然而还有一些鱼，由于其生活环境和生活方式与众不同，因而具有特殊的体形。例如，球形（星点东方鲀，见图 2 - 8），翻车鲀形（翻车鱼，见图 2 - 9）、剑形（剑鱼，见图 2 - 10）、箱形（箱鲀，见图 2 - 11）、海马形（海马，见图 2 - 12）等。

图 2 - 7 　木叶鲽 　　　　　　　　　图 2 - 8 　星点东方鲀

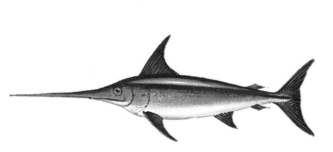

图 2 - 9 　翻车鱼 　　　　　　　　　图 2 - 10 　剑鱼

图 2 - 11　箱鲀

图 2 - 12　海马

2.1.3　鱼类的一般运动

在自然界中，每一类动物都有区别于其他动物的特殊运动规律，这种特殊运动规律是现代仿生学研究的重要课题。据研究，鱼类运动时常采用三种方式交替结合进行，具体如下：

①肌肉的交换伸缩使鱼体左右摆动；

②鳍的摆动；

③鳃孔向后喷水。

在上述三种动作中，第一种动作起主要驱动的作用，第二和第三种动作起辅助驱动的作用。实际上，这三种动作不是孤立的，而是在运动过程中交互作用的。

在分析鱼类动作规律之前，首先分析一下鱼的外形构造。鱼体可分为三段：头部、躯干和尾部，头部附有一对鳃盖，身体附有五种鳍（见图 2 - 13），即胸鳍和腹鳍（这两种是偶鳍），背鳍、臀鳍和尾鳍（这三种是奇鳍）。

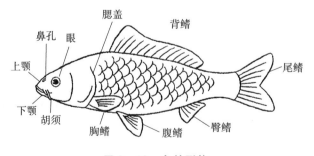

图 2 - 13　鱼的形体

这些形体上的外部构造在鱼类运动时发挥着重要作用，在鱼类运动时能明显地看到它们的动作。下面再从不同方面分析鱼类的运动规律。

（1）肌肉的作用。

鱼类肌肉的交换伸缩，使身体左右摆动，是其游动的主要动力。鱼类开始游动时，首先使身体前部一侧的肌肉先行收缩，使头部偏向收缩的一侧；接着使身体前部另一侧的肌肉节收缩，使头部偏向另一侧，一缩一松的运动继续向后面躯干、尾部交换着传递下去，就形成一种波浪式的搅动。头部每次微微的摆动，均能促成尾部强有力的摇摆，因为从头部开始的身体每一段的肌肉节运动都有力量增加进去，越到尾部，摆力就越大，产生一种推力，动作循环下去，鱼类就能向前游动。

（2）鳍的作用。

鳍对鱼类的游动起着相当重要的辅助作用[57]。鱼类的背鳍和臀鳍在游动时起着平衡稳定的作用。另外有些长体鱼类其长形背鳍和臀鳍的前后波浪运动，也可推动鱼体缓慢前进。尾鳍常和尾部肌肉左右交替伸缩相配合，起推动鱼体前进和掌握游向的作用。有时也可以在其后端作波浪式的运动，使鱼体缓缓前进。尾鳍的形状和鱼的游速关系极大。一般来说，长有新月形和叉形尾鳍的鱼类，尾柄狭窄，摆动迅速，动作有力，游速较快；长有圆形和方形尾鳍的鱼类，尾柄较粗，摆动迟钝，动作乏力，游速较慢。鱼类胸鳍和腹鳍的作用是保持平衡，配合鱼体转身，调整鱼体升降。鱼类胸鳍的作用较多，胸鳍能像双桨一样摆动，可以使鱼体徐徐向前。鱼要停止前进时，两侧胸鳍突然举起张开，造成阻力使向前运动停止。鱼鳍对大多数鱼类的游动能力起着决定性的作用。各种鱼鳍所起的作用及其特点如表 2 – 1 所示。

表 2 – 1 各种鱼鳍所起的作用及特点

鳍的类别	作用	是否有助于前进
胸鳍	维持平衡、前进、加减速、转弯	是
腹鳍	维持平衡、辅助升降、转弯	否
背鳍	维持平衡	否
臀鳍	维持平衡	否
尾鳍	推进和转弯	是

游速较慢的鱼类，胸鳍多属阔而圆；游速较快的鱼类，胸鳍多属狭而长。虽然一般鱼类都生有以上五种鳍，但也有些鱼类则属例外，如合鳃鱼类、鳝科鱼类缺少胸鳍，鳗鱼类、圆鲀类缺少腹鳍，鳐鱼类缺少臀鳍和尾鳍，鳗科鱼类缺少尾鳍。

鳍的主要作用在于辅助鱼类游动。另外，随着鱼类对环境的不断适应，有些鱼类的鳍已转化为特殊性能的器官，例如转化为摄食器官。鮟鱇鱼（见

图 2 – 14）的第一背鳍已转化为许多细长的鳍棘，能像钓竿一样引诱小鱼游至它的嘴前，以便一口将其吞食。蝠鲼鱼（见图 2 – 15）的胸鳍前端已退化为头鳍，成为捕捉食物的器官。有些鱼类的鳍转化为吸附器官，例如鲫鱼（见图 2 – 16）的第一背鳍已转化为圆形吸盘，能吸在鲨鱼和海豚等大鱼的腹部，这些大鱼载着它到处巡游。在大鱼猎食时，鲫鱼则在一旁吃着大鱼的残羹剩饭。生活在急流中的鳅鱼（见图 2 – 17），胸鳍和腹鳍合并成一个大吸盘，用以吸附在岩石上，以免被急流冲走。有些鱼类的鳍兼作爬行器官，例如弹涂鱼（见图 2 – 18）和鲛鳒鱼的胸鳍基部生有强力的肌肉，成为臂状，它们可以利用胸鳍在水底爬行。弹涂鱼甚至可以轻易爬到岸边。有些鱼类的鳍兼作飞翔的器官，例如飞鱼（见图 2 – 19）的鳍特别发达，除在水中划水外，还能像鸟类的翅膀一样在空中飞翔。飞鱼的出水滑翔靠的是尾鳍激烈摆动所产生的动力。当其尾鳍还留在水中时，仍需加快其运动速度，只有当身体完全离水后，运动速度才减低。飞鱼可在空中飞翔 100 m 以上的距离。有些鱼类的鳍兼作防御的器官，例如魟类的尾部带有剧毒，当敌害侵犯时，能用其尾刺刺敌。大海中的毒鲉类，几乎每根鳍棘的基部都有剧毒，尤其背鳍更为厉害，被它刺中就会中毒。

图 2 – 14　鲛鳒鱼

图 2 – 15　蝠鲼鱼

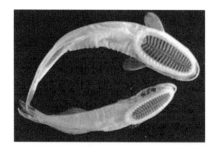

图 2 – 16　鲫鱼

图 2 – 17　鳅鱼

图2－18　弹涂鱼

图2－19　飞鱼

（3）鳃的作用。

凡是动物，一般都需要通过呼吸来取得生命所需要的氧气，并排出废气——二氧化碳。其他类别的动物使用肺来进行呼吸。但鱼类生活在水中，只能用一种特殊的器官"鳃"来呼吸。鱼鳃可以吸进溶解在水中的氧气，并排出废气。鱼鳃长在头部，它由像梳子一样密排的鳃丝组成（见图2－20），外部都有鳃盖盖着。鱼在水中不停地开合着头部两侧的鳃盖，就是鱼类在不停呼吸的外部动态表现。鱼类把水从口中吸入，经过鳃丝，鳃丝内的鳃小片就像过滤器一样摄取了水中溶解的氧气，同时把体内的二氧化碳通过鳃孔排出，完成呼吸过程。鱼鳃除了具有呼吸作用外，还可起到一定的推力作用。鱼类利用鳃孔有力地喷出废气时（鳃孔喷水），可以产生一定的推进力。鱼在开始游动时喷水的力量最大，辅助推动身体前进，鱼要向左转时，左鳃紧闭，强迫口中所有的水从右鳃孔迅速地喷出，身躯就转向左拐[58]。

2.1.4　鱼类的沉浮

"鹰击长空，鱼翔浅底"，鱼类之所以能潜到深水底层活动，主要是鱼类有一个能控制身体在水里沉浮的特殊器官——鱼鳔（见图2－21），鱼鳔是位于鱼腹内部肠胃上方的一个大气囊，这个气囊的体积能够根据鱼的沉浮情况变化。水越深，水的压力越大，水的浮力也就越大。鱼类下潜时，要从鱼鳔内排

图2－20　腮丝组织

图2－21　鱼鳔

除一些气体，使其体积变小，比重相对增加，这样鱼类就能下沉；当鱼类要由深层上升时，鱼鳔就需要吸进一些气体，鳔内气体膨胀、体积增大，比重相对减轻，这样鱼体的浮力也增大了，于是鱼类就可以浮升起来。

2.1.5 鱼类的游泳

鱼类的游泳动作和其体形关系十分密切。这里选择几种不同体形的鱼类，分析其游动规律。

（1）纺锤形鱼类的游泳动作。

这种体形的鱼类是呈曲线状向前游动的（见图2-22），头部摆动幅度小，引起躯干和尾部的摆动，力传到尾部，摆动的幅度变大。胸鳍则配合摆动动作，转身时外侧胸鳍要伸前，再用力地向后拨水，增加推力[59]。快速前进时需要增加推力，尾鳍摆动次数多而快；缓慢前进时，尾部摆动柔和，动作节奏缓慢。当鱼体在水中漂动时，其身躯和尾鳍都可不动，由胸鳍拨水徐徐前进。

图2-22 纺锤形鱼类的游泳动作

纺锤形鱼类属于"左右摆尾"形，它们游动时鳍的摆动起着十分重要的作用。尾鳍随尾部肌肉的交替伸缩而形成左右上下来回的摆动，起到推动身体前进和控制游动方向的作用。这种体形的鱼类其游动动作可见图2-23和图2-24。

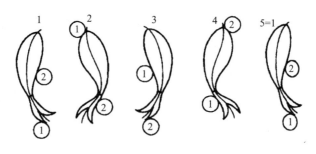

图2-23 纺锤形鱼类的游泳动作（一）

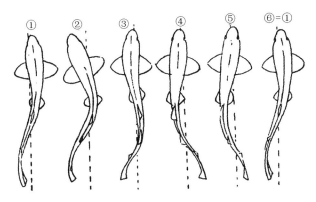

图 2 - 24　纺锤形鱼类的游泳动作（二）

纺锤形鱼类的身体和鱼鳍的动作，以及它们游动的路线，均呈曲线运动状态（见图 2 - 25）。

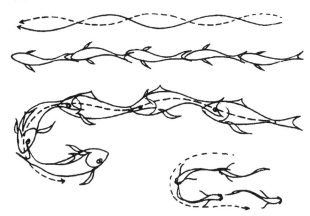

图 2 - 25　纺锤形鱼类的游泳动作（三）

（2）侧扁形鱼类的游泳动作。

这种体形的鱼类前进速度缓慢，前进时身躯动作不大，尾鳍左右摆动的幅度较大，胸鳍摆动的动作较快。侧扁形鱼类常会静止地停在水中，由胸鳍不停地拨水，保持身体稳定；有时它们可在静止中突然作侧转体的动作，转体后，又会继续静止停在水中。快速前进时，它们全身作波浪式运动前进，但这种动作消耗体力多，不能持久。图 2 - 26 所示为带鱼的游动动作。

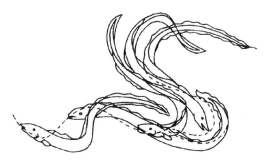

图 2 - 26　带鱼的游动动作

（3）平扁形鱼类的游泳动作。

这种体形的鱼类前进速度非常缓慢，前进动力主要是靠和体躯愈合的胸鳍由前推后的波浪式搅水运动来提供，由此推动身躯前进（见图 2 - 27）。尾部动作不明显，在转身时不起什么作用。

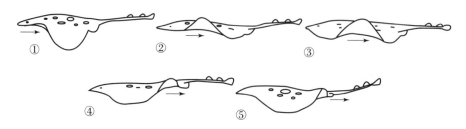

图 2 - 27 平扁形鱼类的游泳动作

（4）棍棒形鱼类的游泳动作。

这种体形的鱼类身体较长，背鳍和臀鳍也都较长。前进时主要是靠侧部肌肉的左右交替伸缩，全身做大波浪式摆摇以产生动力，使身体在水中屈曲前游。背鳍和尾鳍也相应作小波浪式漂动。棍棒形鱼类的胸鳍较小，作用不大[60]。

（5）金鱼的游泳动作。

金鱼属软骨鱼类，多由人工在缸、盆内饲养。金鱼头大，双目朝天突出，形成方圆状的头型；此外，金鱼腹大，尾柄细，尾鳍呈纱状，特别柔软。金鱼多在浅水中长大，浅水的压力小，所以其大头细腰的体形不受压力影响。金鱼游泳时体态多姿（见图 2 - 28），鱼尾的动作由于其质地轻薄加上水的浮力，动作缓慢而柔软，成曲线运动，鱼尾形态的变化也比较多。

图 2 - 28 金鱼的游动动作

（6）海豚的游泳和跳跃动作。

海豚和鲸鱼不属鱼类，它们均属哺乳动物中的"鲸目"。海豚的游动相当迅速，常成群结队地在大海中疾游，疾游时穿插着跳跃动作，非常壮观（见图 2 - 29）。海豚的体形属纺锤形，但它们尾鳍却是水平式的，因此它的游泳动作就不是左右摆动，而是上下拍打前进。海豚常常会跃出水面飞蹿，离水前靠尾部有力而急速地上下拍打，产生足够的冲力，前躯用力一挺跳出水面，飞蹿三个体长的距离后冲力减弱再度投入水中。

图 2-29　海豚的游泳和跳跃动作

2.2　给你讲讲我的历史

上一节带你了解了神奇的鱼儿，这一节给你讲一讲仿生机器鱼精彩纷呈的发展历史。

20 世纪上半叶，动物学家们对于鱼类生物力学的研究大多是定性观察和相关试验，其中最有代表性的是英国动物学家 James Gray 关于鱼类运动的一系列研究工作[61]。1935 年，Gray 通过计算得出海豚以 20 海里/小时的速度游动时产生的游动阻力是同等规格尺寸的刚性海豚模型的七分之一，这意味着海豚的游动存在着不为人知的高效的减阻机制，人们称此为"Gray 质疑"，直到今天，"Gray 质疑"还在激励着广大科学工作者以精确的科学方法证明其对错。

目前采用传统电动、液压、气压方式驱动的大中型仿生机器鱼仍然保持着游动速度快、推进动力大等明显的优势，并且已经获得了一些实际应用[62]。随着仿生机器鱼向微型化方向的发展，智能材料的优势得到日益凸显。例如，人们开始越来越多地在仿生机器鱼上使用形状记忆合金、电致动聚合物、压电材料等新型智能材料，使仿生机器鱼的性能水平得到进一步提升。

2.2.1　传统驱动方式的机器鱼

1994 年，美国麻省理工学院成功研制了世界上第一条真正意义上的仿生机器鱼"Robotuna"，如图 2-30（a）所示。通过模仿蓝鳍金枪鱼的尾鳍推进原理，研究者们成功克服了传统水下机器人连续工作时间短的限制，使该机器鱼的推进效率达到91%[63]。"Robotuna"的动力部分由6台2.21 kW电机驱动，其整体结构由多达2843个零件组成。该机器鱼尺寸为1.25 m×0.3 m×0.2 m，游动速度可达1.67 BL/s（BL指体长，即Body Length）。

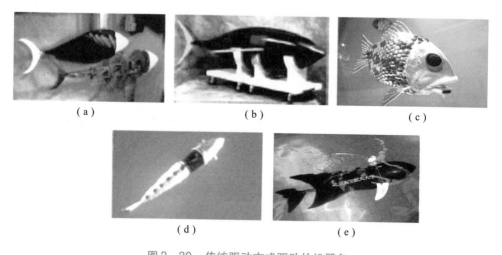

图2-30　传统驱动方式驱动的机器鱼
（a）机器鱼 Robotuna；（b）机器鱼 VCUUV；（c）机器鱼 Fish - G9；
（d）气动机器鱼；（e）机器鱼 SPC - Ⅱ

1998年，美国麻省理工学院与 Draper 实验室联合研制了仿黄鳍金枪鱼"VCUUV"，如图2-30（b）所示。该机器鱼采用循环液压驱动，用于探索鱼类如何利用涡流辅助推进，其自主游动实验显示了该机器鱼具有良好的减阻性能。这款机器鱼的具体尺寸为2.4 m×0.5 m×0.4 m，尾鳍展长0.65 m，重136 kg，驱动频率1 Hz时获得最高游速0.5 BL/s，最大转弯速度75%/s。

2005年，英国埃塞克斯大学研制了一种仿生机器鲤鱼"Fish - G9"，如图2-30（c）所示。其由三个伺服电机构成尾部驱动并利用直流电机调节重心，微型水泵改变机器鱼自身重量，使之能够实现自主三维游动。通过研究机器鱼的流体力学机制，研究者们实现了对机器鲤鱼更为精确的游动控制，研究者们还对该机器鲤鱼的直线巡游和C型启动做了相关的研究。该机器鲤鱼体长为0.52 m，最快游速可达1 BL/s，最小转弯半径为0.3 BL。

2011年，意大利圣安娜高级学校生物机械研究所研制了一条由多关节构成的仿生七鳃鳗。其利用相邻关节内永磁铁磁极之间的相斥和相吸作用来驱动自身，并通过规律性变换磁极方向来实现机器鱼身体的规律性波动。实验证明该驱动方式具有很高的效率，其在最佳游动状态下可实现5 h的续航。该机器鱼还采用了基于双目视觉的视觉导航系统来辅助其自主游动。其总长为0.99 m，在 0.6 Hz 驱动频率下波长为 1.2 m 时，最高游速为 0.7 BL/s。

2013 年，麻省理工学院电气工程与计算机科学系研制了一种气压驱动的新型仿生机器鱼，如图 2 - 30（d）所示。该机器鱼的能源由一个 8 g 的二氧化碳的高压气罐供给，直接利用高压流体驱动，无须能量转化，从而提高了驱动效率。该机器鱼同时具备快速加速性能和持续运动能力，研究发现，其逃生响应模式下的运动性能和可控性与真实鱼类接近。该机器鱼全长 339 mm，柔性尾部长 159 mm，其中尾鳍长 34 mm，宽 51 mm。

2003 年，北京航空航天大学机器人研究所研制成功了 SPC - Ⅱ 机器鱼（见图 2 - 30（e）），它的问世在国内具有典型代表意义。该机器鱼由两台 150 W 的伺服电机驱动，其设计首要考虑了游动的稳定性，其控制系统可实现手动控制、航向控制和 GPS 航线游动 3 种模式，并且可以自主调节各关节的摆动频率、幅度和相位差。SPC - Ⅱ 长度约为 1.2 m，最高游速为 1.17 BL/s，转弯速度为 30°/s，最小转弯半径为 1 BL。

随着智能材料的发展，越来越多的仿生机器鱼采用了与鱼类肌肉性能类似的智能材料作为致动器，简化了仿生机器鱼的推进装置，提升了动作柔性，降低了游动过程中的噪声以及改善了机器鱼的流体力学性能，使机器鱼的研制水平得到空前提高[64]。

2.2.2 记忆合金驱动的机器鱼

2000 年，美国东北大学海洋科学中心首次采用记忆合金丝研制了仿生七鳃鳗，如图 2 - 31（a）所示。其通过全身的波动运动实现推进，为典型的鳗鲡式游动方式。其柔性身体和柔性的随动尾鳍共占身体长度的 85%。通过间隔的规律性加热形状记忆合金丝来实现仿生七鳃鳗整个身体的柔性波动。该机器鱼可实现低速巡游、常速游动、急速游动、爬行前进、爬行后退、转弯、钻洞等多种运动方式。

2011 年，西班牙自动化与机器人技术中心研制了一种依靠形状记忆合金丝驱动的仿生机器鱼，如图 2 - 31（b）所示。该机器鱼摒弃了传统的电机齿轮等机械部件，采用了 1 mm 厚的聚碳酸酯作为柔性支撑结构，同时将形状记忆合金丝分为等长的三段进行分别加热致动，该机器鱼总长 300 mm（不包含尾鳍），用于模拟不同身体/尾鳍推进模式下的游动性能。用于驱动的形状记忆合金丝的直径为 0.15 mm，在收缩量为 6% 的情况下可获得 36° 的摆动角度，0.5 Hz 的摆动频率下获得最高游速为 0.1 BL/s。

2006 年，中国科学技术大学章永华等人设计了一种基于形状记忆合金弹簧驱动的仿生机器鱼关节机构，如图 2 - 31（c）所示。通过鱼体侧面的两组形状记忆合金丝弹簧交替加热的方式，实现了机器鱼尾鳍的绕转轴的摆动，并通过流水直接冷却方式来提高鱼尾的摆动频率。所用形状记忆合金弹簧得内径为0.2 mm，外径为2 mm，有效圈数为32。通过 PWM 加热方式，其尾鳍的最高摆动频率可达1.5 Hz。

2008 年，哈尔滨工业大学王振龙教授课题组研制了一种基于形状记忆合金丝驱动的微型机器鱼，如图2 – 31（d）所示。研究者们将两路直径为0.089 mm 的形状记忆合金丝嵌入柔性单元的蒙皮内，交替加热两侧的形状记忆合金丝，使得柔性尾鳍来回摆动从而实现了机器鱼的推进游动。该机器鱼总长为146 mm，质量约为30 g，最大摆幅为26 mm。在驱动频率2.5 Hz 下，可实现得最快游速为0.76 BL/s[64]。

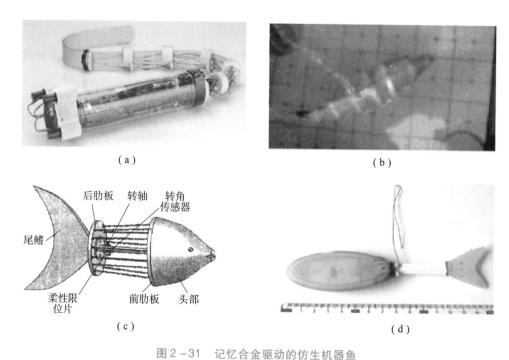

（a）　　　　　　　　　　　　　　　　（b）

（c）　　　　　　　　　　　　　　　　（d）

图2 – 31　记忆合金驱动的仿生机器鱼

（a）仿生七鳃鳗；（b）仿生机器鱼；（c）记忆合金弹簧机器鱼；（d）微型仿生机器鱼

2.2.3　电致动聚合物驱动的机器鱼

2003 年，日本香川大学的郭书祥等人采用离子导电聚合物膜驱动机器鱼游动。通过改变输出电压的幅值和频率，改变该机器鱼的游速。这些学者采用两片尺寸为0.2 mm×3 mm×15 mm 的离子导电聚合物膜驱动机器鱼的尾鳍，从而实现了鱼体的推进；两个固定的胸鳍则用来提高推进力，其浮力调节模块由尺寸为0.2 mm×4 mm×6 mm 的离子导电聚合物膜驱动。该机器鱼尺寸为45 mm×10 mm×4 mm，前部采用木质结构，总质量为0.76 g，在驱动电压

2.5 V、驱动频率 1 Hz 左右的条件下,可实现的最高游速约为 0.12 BL/s。

2009 年,澳大利亚伍伦贡大学智能高分子研究所利用导电聚合物研制了一种新型电子材料肌肉振荡器驱动的机器鱼。该机器鱼采用两片尺寸为 0.16 mm × 3 mm × 25 mm 的导电聚合物作为致动器,通过无线实时控制,可产生 0.557 mN的推进力。该机器鱼的直径为 20 mm,长为 125 mm,重为 16.2 g,在低速游动下可实现 1.1 BL 的最小转弯半径,摆动频率 0.6 ~ 0.8 Hz 时可实现的最高游速为 0.25 BL/s。

2009 年,密西根州立大学电气与计算机工程系研制了电致动聚合物驱动的微型机器鱼。采用刚性的水滴形外型结构配合电致动聚合物柔性鱼尾,以及一个惰性的柔性尾鳍组成机器鱼的整体结构。通过对电致动聚合物鱼尾的动力学和流体动力学进行建模仿真,研究其驱动电压和游动速度之间的联系,实验结果与仿真结果高度吻合。该机器鱼的总长约为 20 cm,最大直径为 57 mm,总质量为 290 g。驱动电压 3.3 V、驱动频率 1 Hz 的情况下可获得的最高游速为 0.1 BL/s。

2009 年,日本东北大学以鲹科模式鱼类为蓝本研制了一种电致动聚合物致动器驱动的机器鱼。该机器鱼采用无线遥控作为远程控制,其前部为硬质壳体,鱼尾部分为电致动聚合物材料,尾鳍为柔性的塑料片。硬壳的尺寸为 150 mm × 60 mm × 40 mm,离子交换聚合金属材料(IPMC)的尺寸为 50 mm × 10 mm,柔性尾鳍尺寸为 23 mm × 40 mm × 25 mm。总质量 165.65 g,驱动电压为 2.5 V、驱动频率为 0.27 Hz 的情况下可达到的最高游速为 0.034 BL/s。

2010 年,哈尔滨工程大学在对鲫鱼运动进行分析的基础上研制了一种电致动聚合物驱动微型机器鱼[61],如图 2 – 32(a)所示。其尾部和胸鳍均采用电致动聚合物膜片作为驱动器,其中尾部和鱼体的连接部分以及尾鳍都采用塑料用以增加柔性。其总长为 99 mm,驱动电压为 3.6 V,驱动频率为 2 Hz 时,该微型机器鱼的最快游速为 0.24 BL/s,最小转弯半径约为 0.8 BL。

(a) (b)

图 2 – 32 电致动聚合物驱动的仿生机器鱼

(a)仿生鲫鱼;(b)仿生海豚

2012 年，北京航空航天大学机器人研究所研制了一种电致动聚合物驱动的仿生宽吻海豚，如图 2-32（b）所示。通过建立基于细长体理论的流体力学模型来研究机器鱼的游动速度和游动效率。该机器鱼（不含尾鳍）尺寸为 47.5 mm×14.5 mm×12 mm，重 50.05g。在驱动电压 3 V、驱动频率 1 Hz 时，可实现得最快游速约为 0.5 BL/s，最大推进力 1 mN，最高推进效率约为 65%[64]。

2.2.4　压电材料驱动的机器鱼

1995 年，日本名古屋大学福田敏男等采用压电材料作为致动器研制出一种微型双鳍鱼形机器人，如图 2-33（a）所示。该机器鱼采用两块尺寸为 2 mm×3 mm×8 mm 的压电材料分别驱动两个尾鳍，通过机械结构将压电材料的变形放大 250 倍并转化为尾鳍的摆动。两个尾鳍形成一定的交叉角以提高游动性能，每个尾鳍都可以产生向前或向后的作用力，力的方向由摆动频率决定。该机器鱼长为 32 mm，宽为 19 mm，在驱动电压 150 V、频率 168 Hz 时，其向后的推进力约为 $2×10^{-5}$N，对应的速度为 0.68 BL/s；当驱动电压 150V、频率为 397Hz 时，其向前的推进力约为 $9.45×10^{-5}$N，对应的速度则为 0.88 BL/s。

2005 年，加州大学机器人技术与智能机械实验室以箱鲀科鱼类为蓝本研制出一种压电材料驱动的 Boxfish 机器鱼，如图 2-33（b）所示。其采用四连杆机构对压电材料压电双晶片的工作行程进行放大，并驱动一个刚性的摆动尾鳍以提供推进力。该机器鱼还设计有一对独立的胸鳍以控制游动的方向。第二代的 Boxfish 体长为 12 mm，其中尾鳍长度为 10 mm，最大摆动角度为 60°，重量为 1 g。在驱动电压为 150 V，驱动频率为 6 Hz 时，其平均推力约为 1 mN；驱动电压为 150 V，驱动频率为 3.9 Hz 时的最高游动速度为 0.35 BL/s。

2003 年，广东工业大学研制出一种压电材料驱动的微型水下机器人，如图 33（c）所示。该机器鱼以压电元件作为致动器，采用差动杠杆原理和柔性铰链的组合设计，利用三组杠杆机构放大位移，其理论倍数约为 1600。由于采用了高压功率运算放大器，使得驱动电压幅值为 0～150 V 可调，输出波形频率 0～10 kHz，输出驱动电流 60～120 mA。实验证明其可通过改变驱动频率来改变机器人的游速，并实现运动方向的控制。

2012 年，南京航空航天大学精密驱动研究所研究了一种复合型的仿生鱼尾方案，如图 2-33（d）所示。该仿生鱼尾采用压电材料作为驱动材料，并采用特制玻璃纤维增强型复合材料作为基板。压电材料厚度为 0.3 mm，鱼尾整体尺寸为 185 mm×40 mm×0.6 mm，其中尾鳍长 70 mm，宽 65 mm。实验测得峰值电压 350 V、频率 9 Hz 时末端的最大弯曲位移约 7 mm，摆动角度约为 28°[64]。

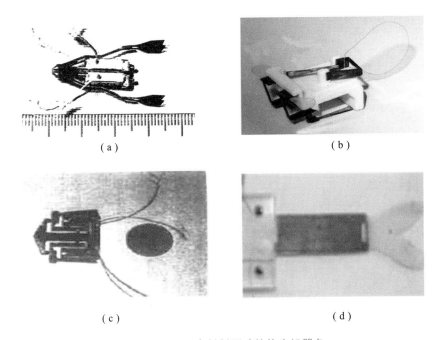

图 2-33　压电材料驱动的仿生机器鱼

（a）微型双鳍机器鱼；（b）仿箱鲀科机器鱼；（c）微型水下机器鱼；（d）仿生鱼尾

2.3 我的名字叫机器鱼

众所周知，机器人的结构和功能大都以模仿人类和生物为目标，作为机器人家族中的一员，机器鱼的研究以模仿自然界鱼类游动的高效性、快速性、高机动性以及低噪声为目标。经过亿万年的自然选择，鱼类的形体几何参数、组织系统结构和皮肤构造机理符合流体力学特性，能很好地适应水生环境[65]。鱼类在水中的自主游动，其速度和效率不能说达到了最优，但其整体性能却接近最优。无论是结构仿生还是功能仿生，机器鱼都只能部分复现或接近鱼类的部分特征。但即便这样，机器鱼还是获得了人们的青睐，得到了研究者的重视。

仿生机器鱼属于仿生机器人学的范畴，它涉及机电、材料、流体力学、控制、能源、生物、通信等学科[66]。对它的研究可以带动相关学科的发展，同时由鱼类运动的特点还决定了仿生机器鱼在一些特殊的领域具有不可替代的作用，同常规水下运动设备相比，仿生机器鱼具有以下特点：

1. 推进效率高

鱼类的高效率与其完善的流体性能有关。鱼类通过尾鳍的摆动能消除螺旋桨产生的与推进方向垂直的涡流，而产生与推进方向一致的涡流，并且还能整理尾流，使其具有更加理想的流体力学性能，从而提高了游动的效率。初步试验表明机器鱼的推进效率比常规水下设备要高出30%以上。采用机器鱼作为水下机械可大大节省能量，提高能源利用效率，从而延长了了水下作业时间和扩大了作业范围。相对于目前的船舶来说，机器鱼拥有的高推进效率可以节约大量的能源，可以为新型船舶的设计提供新的思路。

2. 机动性能好

机器鱼具有快速启动、高速加速的性能，还可在小范围内实现不减速的转向运动。人们通过研究发现，生活在水中依靠敏捷运动才能生存的鱼类，可以不减速实现转向运动，并且其转向半径只有其身体长度的10%～30%。而现在的机动船在转向时其速度要降低50%以上，并且其转向半径很大。由于采用身体波动式推进的机器鱼体形细长，并且具有足够的柔韧性，使其在空间狭窄、环境复杂的场所有着更为良好的机动性能。因此它可以在波涛汹涌、地势险峻的海洋环境中进行水下探测和水下作业。

3. 噪声低、隐蔽性能高

在军事应用方面，由于机器鱼在声呐屏幕上的表现形式与生物鱼类几乎完全相同，能够轻而易举地躲过声呐的探测和鱼雷的袭击，还能出其不意地攻击对方舰艇、基地，因此具有重大的军事应用前景。在民用上，机器鱼可以广泛用于海洋生物观察。

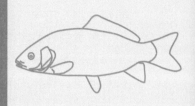

第 3 章
我身体的由来

3.1 我的能量源

3.1.1 鱼儿的心脏

　　鱼儿的心脏通常位于鳃弓后下方的心腔内，后方以结缔组织的横隔与腹腔分开[67]。由于心脏紧靠肩带，肩带从两侧和腹面包围心脏，使鱼儿的心脏得到了很好的保护。鱼儿的心脏很小，一般只占其体重的 1% 左右（鲤鱼约占 0.11%，金枪鱼约占 0.3%，飞鱼约占 2.5%，软骨鱼类占 0.6% ~ 2.2%），主要由静脉窦、心房、心室 3 部分构成。心室的前方有一稍为膨大的动脉圆锥（它是软骨鱼类心脏的一部分，能有节律地搏动）或动脉球（是硬骨鱼类腹大动脉的基部扩大而成，不属于心脏的一部分，也无搏动能力）。静脉窦与心房之间有窦耳瓣，心房和心室之间有耳室瓣，心室与动脉球的交接处（即动脉圆锥所在地）有半月瓣，所有这些瓣膜都具有提高血压和防止血液逆流的功能。

鱼类的心跳频率一般为每分钟 18～20 次。供给心脏营养的血液来自背大动脉或出鳃动脉以及锁骨下动脉的分支，离开心脏的血液注入前主静脉，再返回静脉窦。鱼体内的血量较少，仅为体重的 1.5%～3.0%，绝不会超过 5%。

鱼的心脏为鱼的全身提供动力来源，维持鱼儿在水下自由游动。

3.1.2 仿鱼机器人的能量来源

目前常见的仿鱼机器人大多采用电池作为能量源进行驱动，因而电源系统就成为仿鱼机器人关键组成部分之一，有必要加以阐述和介绍。

1. 电源系统的基本组成

常见的小型仿鱼机器人电源系统主要由电池、输入保护电路、控制器稳压电路、通道开关、稳压输出等模块组成，如图 3－1 所示。

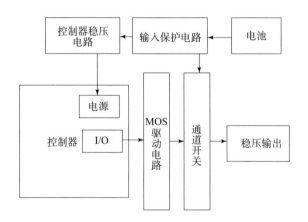

图 3－1　仿鱼机器人电源系统组成示意图

2. 电源系统的工作机理

机器人中的一些核心器件，如控制器和舵机等，都需要稳定的供电才能保障其正常运行。有些高级的机器人可能需要几组不同的电压。比如，驱动电机需要用到 12 V 的电压、2～4 A 的电流，而电路板却需要用到 +5 V 或 -5 V 的电压。对于这些需要不同电压和电流进行供电的场合，人们可以采用几种不同的方法来获得多组电压，其中最简单和最直接的方法就是用几个电池组进行有区别的供电，比如，电机可采用大容量铅酸电池板供电，电路则采用小容量镍镉电池供电。这种方法对装有大电流驱动电机的机器人是最为适宜的，因为电机工作时会产生电噪声，通过电源线串到电路板，会对电路产生干扰。另外，由于电机启动时几乎吸收了电源的全部电流，造成电路板供电电压下降，会使电路板损坏或单片机程序丢失。用分开电源供电则可避免这些现象（电机产生的另一种干扰是电火花，会造成射频干扰）。还有一种获得多组电压的方法，它是用主电源通过稳压输出多组电压，供不同部件使用，这种方法也叫 DC - DC 变换，可以用专用电路或电子元器件（IC）实现不同的电压输出。例如，12 V 电池可以通过稳压电路输出 12 V 以下的各种电压，其中 12 V 的电压可以直接驱动电机，而 5 V 的电压则可供给电路板。

当电源模块输入反接或者输入电压过高时将会烧毁大部分器件，因此在电源入口处设置了输入保护电路，保护以控制器为主的电子元器件。

3. 电源系统的主要作用

人需要依靠进食来补充能量，同样机器人因运动消耗能量，也需要补充能量，电源系统就是机器人的能量来源。实际上，现实的机器人与科幻作品中的机器人是极其不同的。科幻作品中的机器人似乎总有使不完的力气，它们采用核动力或者太阳能电池，充满电后，很长时间才会消耗光。其实，受制于核技术的现实水准，人们还无法为机器人配备合适的核动力系统；各种太阳能电池目前也无法为机器人的运动系统提供足够的动力。此外，太阳能电池也没有存储电能的能力。因此，目前大部分内置电源的实用型机器人都是由电池供电的。电源系统是机器人的有机组成部分，与主板、电机，以及计算机控制单元同等重要。对机器人来说，电源就是其生命的源泉，没有电源，机器人功能俱失，等同于一堆破铜烂铁。

3.1.3 锂离子电池

3.1.3.1 锂离子电池简介

锂离子电池是一种可充电电池（见图 3 - 2）。与其他类型电池相比，锂离子电池有非常低的自放电率、低维护性和相对较短的充电时间，还有重量轻、容量大、无记忆效应、不含有毒物质等优点。常见的锂离子电池主要是锂 - 亚硫酸氯电池。这种电池长处很多，例如单元标称电压为 3.6 ~ 3.7 V，在常温中以等电流密度放电时，其放电曲线极为平坦，整个放电过程中电压十分平稳，这对众多用电产品来说是极为宝贵的。另外，在 - 40℃ 的情况下，锂离子电池的电容量还可以维持在常温容量的 50% 左右，具有极为优良的低温操作性能，远超镍氢电池[68]。加

图 3 - 2　手机使用的锂离子电池

上其年自放电率为 2%，一次充电后贮存寿命可长达 10 年，并且充放电次数可达 500 次以上，这使得锂离子电池获得人们的青睐。尽管锂离子电池的价格相对来说比较昂贵，但与镍氢电池相比，锂离子电池的重量较镍氢电池轻30% ~ 40%，能量比却高出 60%。正因为如此，锂离子电池生产量和销售量都已超过镍氢电池，目前已在数码娱乐产品、通信产品、航模产品等领域拥有了广阔的"用武之地"。

（1）发展过程。

1970 年，美国埃克森公司的 M. S. Whittingham 采用硫化钛作为正极材料，金属锂作为负极材料，制成首个锂电池。电池组装完成后即有电压，不需充电。锂离子电池（Li – ion Batteries）是由锂电池发展而来的。举例来说，以前照相机里用的纽扣电池就属于锂电池。这种电池也可以充电，但循环性能不好，在充放电循环过程中容易形成锂结晶，造成电池内部短路，所以一般情况下这种电池是禁止充电的[69]。

1982 年，美国伊利诺伊理工大学的 R. R. Agarwal 和 J. R. Selman 发现锂离子具有嵌入石墨的特性，此过程是快速且可逆的[70]。由于当时采用金属锂制成的锂电池，其安全隐患备受关注，因此人们尝试利用锂离子嵌入石墨的特性来制作充电电池。首个可用的锂离子石墨电极由美国贝尔实验室试制成功。

1983 年，M. Thackeray、J. Goodenough 等人发现锰尖晶石是优良的正极材料，具有低价、稳定和优良的导电、导锂性能，其分解温度高，且氧化性远低于钴酸锂，即使出现短路和过充电现象，也能够避免燃烧和爆炸的危险。

1989 年，A. Manthiram 和 J. Goodenough 发现采用聚合阴离子的正极将产生更高的电压。

1992 年，日本索尼公司发明了以碳材料为负极，含锂化合物作正极的锂电池，在充放电过程中，没有金属锂存在，只有锂离了，这就是锂离了电池[71]。随后，锂离子电池给消费电子产品带来了巨大变革。此类以钴酸锂作为正极材料的电池，至今仍是便携式电子器件的主要电源。

1996 年，Padhi 和 Goodenough 等人发现具有橄榄石结构的磷酸盐，例如磷酸铁锂（$LiFePO_4$），比传统的正极材料更具安全性，尤其耐高温、耐过充电性能远超传统锂离子电池材料。

纵观电池发展的历史，可以看出当今世界电池工业发展的三个特点：一是绿色环保电池迅猛发展，包括锂离子蓄电池、氢镍电池等；二是一次电池向蓄电池转化，这符合可持续发展战略；三是电池进一步向小、轻、薄方向发展。在商品化的可充电池中，锂离子电池的比能量最高，特别是聚合物锂离子电池，可以实现可充电池的薄形化[72]。正因为锂离子电池的体积比能量和质量比能量高，可反复充电且无污染，具备当前电池工业发展的三大特点，因此在发达国家中得到了较快增长。电信、信息市场的发展，特别是移动电话和笔记本电脑的大量使用，给锂离子电池带来了巨大的市场机遇。而锂离子电池中的聚合物锂离子电池以其在安全性上的独特优势，将逐步取代液体电解质锂离子电池，成为锂离子电池的主流。所以聚合物锂离子电池被誉为"21 世纪的电池"，将开辟蓄电池的新时代，发展前景十分可观。

2015 年 3 月，日本夏普公司与京都大学田中功教授联手，成功研发出了使用寿命可达 70 年之久的锂离子电池。此次试制出的长寿锂离子电池，体积为 8 cm³，充放电次数可达 2.5 万次[73]。夏普方面表示，该长寿锂离子电池实际充放电 1 万次之后，其性能依旧十分稳定。

（2）组成部分。

①正极：活性物质一般为锰酸锂、钴酸锂、镍钴锰酸锂材料，电动自行车电池的正极普遍用镍钴锰酸锂（俗称三元）或者三元 + 少量锰酸锂作材料，纯的锰酸锂和磷酸铁锂则由于体积大、性能不好或成本高而逐渐淡出[74]。导电极流体使用厚度 10 ~ 20 μm 的电解铝箔。

②隔膜：它是一种经特殊成型的高分子薄膜，其上有微孔结构，可以让锂离子自由通过，而电子却不能通过[75]。

③负极：活性物质为石墨，或近似石墨结构的碳，导电极流体使用厚度 7 ~ 15 μm 的电解铜箔。

④有机电解液：它是溶解有六氟磷酸锂的碳酸酯类溶剂，聚合物锂离子电池则使用凝胶状电解液。

⑤电池外壳：分为钢壳（方形很少使用）、铝壳、镀镍铁壳（圆柱电池使用）、铝塑膜（软包装）等，还有电池的盖帽，也是电池的正负极引出端。

（3）主要种类。

根据锂离子电池所用电解质材料的不同，锂离子电池分为液态锂离子电池和聚合物锂离子电池两类[76]。可充电锂离子电池是目前手机、笔记本电脑等现代数码产品中应用最广泛的电池，但它较为娇气，在使用中不可过充或过放，否则会损坏电池。因此，在电池上装有保护元器件或保护电路以防止电池受损。锂离子电池充电的要求很高，要保证终止电压精度在 ±1% 之内，各大半导体器件厂已开发出多种锂离子电池充电的 IC，以保证安全、可靠、快速充电。

手机基本上都使用锂离子电池。正确使用锂离子电池对延长其寿命十分重要[77]。锂离子电池根据不同电子产品的要求可以做成扁平长方形、圆柱形及纽扣式，并且有由几个电池串联或并联在一起组成的电池组。锂离子电池的额定电压一般为 3.7 V，磷酸铁锂为正极的则为 3.2 V。充满电时的终止充电电压一般电池是 4.2 V，磷酸铁锂的则是 3.65 V。锂离子电池的终止放电电压为

2.75~3.0 V（电池厂给出工作电压范围或给出终止放电电压，各参数略有不同，一般为 3.0 V，磷酸铁锂的为 2.5 V）。低于 2.5 V（磷酸铁锂为 2.0 V）继续放电称为过放，过放会对电池产生损害。

以钴酸锂类型材料为正极的锂离子电池不适合用作大电流放电，过大电流放电时会降低放电时间（内部会产生较高的温度而损耗能量），并可能发生危险[78]；但以磷酸铁锂材料为正极的锂离子电池可以以 $20C$ 甚至更大（C 是电池的容量，如 $C = 800$ mAh，$1C$ 充电率即充电电流为 800 mA）的大电流进行充放电，特别适合电动车使用。因此电池生产工厂给出了最大放电电流，但在使用中应小于最大放电电流。锂离子电池对温度有一定要求，工厂给出了充电温度范围、放电温度范围及保存温度范围，过压充电会造成锂离子电池永久性损坏。锂离子电池充电电流应根据电池生产厂的建议，并要求有限流电路以免发生过流（过热）。一般常用的充电倍率为 $0.25~1C$。在大电流充电时往往要检测电池温度，以防止过热损坏电池或产生爆炸。

锂离子电池充电分为两个阶段：先恒流充电，到接近终止电压时改为恒压充电。例如，一种 800 mAh 容量的电池其终止充电电压为 4.2 V。电池以 800 mA（充电率为 $1C$）恒流充电，开始时电池电压以较大的斜率升压，当电池电压接近 4.2 V 时，改成 4.2 V 恒压充电，电流渐降，电压变化不大，到充电电流降为 $1/10~1/50C$（各厂设定值不一，不影响使用）时，认为接近充满，可以终止充电（有的充电器到 $1/10C$ 后启动定时器，过一定时间后就结束充电）。

（4）工作效率。

锂离子电池能量密度大、平均输出电压高、自放电小。好的锂离子电池，每月自放电在 2% 以下（可恢复），没有记忆效应。工作温度范围 −20~60℃。循环性能十分优越、可快速充放电、充电效率高达 100%，而且输出功率大、使用寿命长、不含有毒有害物质，故被称为绿色电池。

（5）制作工艺。

锂离子电池的正极材料有钴酸锂 $LiCoO_2$、三元材料 $Ni + Mn + Co$、锰酸锂 $LiMn_2O_4$ 加导电剂和黏合剂，涂覆在铝箔上形成正极；负极是层状石墨加导电剂及黏合剂，涂覆在铜箔基带上形成负极。至今比较先进的负极层状石墨颗粒已采用纳米碳[79]。制作工艺如下：

①制浆。用专门的溶剂和黏合剂分别与粉末状的正负极活性物质混合，经搅拌均匀后制成浆状的正负极物质。

②涂膜。通过自动涂布机将正负极浆料分别均匀地涂覆在金属箔表面，经自动烘干后自动剪切制成正负极极片。

③装配。按正极片—隔膜—负极片—隔膜自上而下的顺序经卷绕注入电解

液、封口、正负极耳焊接等工艺过程，即完成锂离子电池的装配过程，制成成品锂离子电池。

④化成。将成品锂离子电池放置在测试柜进行充放电测试，筛选出合格的成品锂离子电池，等待出厂。

（6）锂离子电池的保存。

锂离子电池的自放电率很低，可保存 3 年之久，而且大部分容量可以恢复。若在冷藏条件下保存，效果会更好。所以将锂离子电池存放在低温地方不失是一个好方法。

如果锂离子电池的电压在 3.6 V 以下而需长时间保存，会导致电池过放电而破坏电池的内部结构，减少电池的使用寿命。因此长期保存的锂离子电池应当每 3～6 个月补电一次，即充电到电压为 3.8～3.9 V（其最佳储存电压为 3.85 V 左右）为宜，但不宜充满。

锂离子电池的应用温度范围很广，在冬天的北方室外仍可使用，但容量会降低很多，如果回到室温条件下，容量又可以恢复。

（7）新发展。

①聚合物类锂离子电池

聚合物锂离子电池是在液态锂离子电池基础上发展起来的，以导电材料为正极，碳材料为负极，电解质采用固态或凝胶态有机导电膜组成，并采用铝塑膜做外包装[80]。由于性能更加稳定，因此也被视为液态锂离子电池的更新换代产品。目前，国内外很多电池生产企业都在开发这种新型电池。

②动力类锂离子电池

动力类锂离子电池是指容量在 3 Ah 以上的锂离子电池，泛指能够通过放电给设备、器械、模型、车辆等驱动力的锂离子电池[81]。由于使用对象的不同，电池的容量可能达不到 Ah 的单位级别。动力类锂离子电池分高容量和高功率两种类型。高容量电池可用于电动工具、自行车、滑板车、矿灯、医疗器械等；高功率电池主要用于混合动力汽车及其他需要大电流充放电的场合。根据内部材料的不同，动力类锂离子电池相应地分为液态动力锂离子电池和聚合物锂离子动力电池两种，统称为动力类锂离子电池。

③高性能类锂离子电池

为了突破传统锂电池的储电瓶颈，人们研制出一种能在很小的储电单元内储存更多电力的全新铁碳储电材料。但这种材料充电周期不稳定，在电池多次充放电后储电能力明显下降，限制了其应用。为此，人们改用了一种新的合成方法，用几种原始材料与一种锂盐混合并加热，由此生成了一种带有含碳纳米管的全新纳米结构材料。这种方法在纳米尺度材料上一举创建了储电单元和导电电路。这种稳定的铁碳材料的储电能力已达到现有储电材料的两倍，而且生产工艺简单，成本较低，而其高性能可以保持很长时间。领导这项研究的马克西米利安·菲希特纳博士说，如果能够充分开发这种新材料的潜力，将来可以使锂离子电池的储电密度提高 5 倍。

3.1.3.2　锂离子电池的工作原理

锂离子电池以碳素材料作负极，以含锂化合物作正极。由于在电池中没有金属锂存在，只有锂离子存在，故称之为锂离子电池[82]。锂离子电池是指以锂离子嵌入化合物为正极材料电池的总称。锂离子电池的充放电过程就是锂离子的嵌入和脱嵌过程。在锂离子的嵌入和脱嵌过程中，同时伴随着与锂离子等当量电子的嵌入和脱嵌（习惯上正极用嵌入或脱嵌表示，而负极用插入或脱插表示）。在充放电过程中，锂离子在正、负极之间往返嵌入/脱嵌和插入/脱插，所以被形象地称为"摇椅电池"[83]。

当对锂离子电池进行充电时，电池的正极上有锂离子生成，生成的锂离子经过电解液运动到负极[84]。而作为负极的碳素材料呈层状结构，内部有很多微孔，到达负极的锂离子就嵌入到碳层的微孔中。嵌入的锂离子越多，充电容量就越高。同样，当对电池进行放电时（即人们使用电池的过程），嵌在负极碳层中的锂离子脱出，又运动回正极。回到正极的锂离子越多，放电容量就越高。

一般锂离子电池充电电流设定在 $0.2 \sim 1C$ 之间，电流越大，充电越快，同时电池发热也越大。而且采用过大的电流来充电，容量不容易充满，这是因为电池内部的电化学反应需要时间，就跟人们倒啤酒一样，倒得太快的话容易产生泡沫，盈满酒杯，反而不容易倒满。

锂离子电池由日本索尼公司于 1990 年最先开发成功，它把锂离子嵌入碳（石油焦炭和石墨）中形成负极（传统锂电池用锂或锂合金作负极），正极材料常用 Li_xCoO_2，也有用 Li_xNiO_2 和 Li_xMnO_4 的，电解液用 $LiPF_6$ + 二乙烯碳酸酯（EC）+ 二甲基碳酸酯（DMC）[85]。

石油焦炭和石墨作负极材料无毒，且资源充足。锂离子嵌入碳中，克服了锂的高活性，解决了传统锂电池存在的安全问题。正极 Li_xCoO_2 在充、放电性能和寿命上均能达到较高水平，同时还使成本有所降低，总之锂离子电池的综合性能提高了[86]。

3.1.3.3　锂离子电池的使用特点

对电池来说，正常使用就是放电的过程。锂离子电池放电需要注意几点：

（1）放电电流不能过大。过大的电流会导致电池内部发热，可能造成永久性损害[87]。从图 3-3 可以看出，电池放电电流越大，放电容量就越小，电压下降也更快[88]。

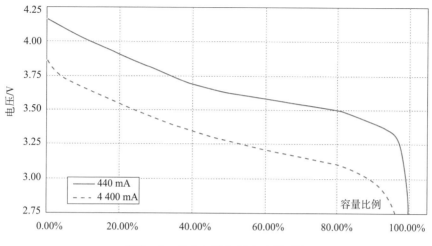

图 3-3 放电电流和放电容量对比

（2）绝对不能过度放电。锂离子电池存储电能是靠一种可逆的电化学变化实现的，过度放电会导致这种电化学变化发生不可逆反应，因此锂离子电池最怕过度放电。一旦放电电压低于 2.7 V，将可能导致电池报废[89]。不过一般电池的内部都安装了保护电路，电压还没低到损坏电池的程度，保护电路就会起作用，停止放电。

3.1.3.4 锂离子电池的充放电特性

1. 锂离子电池的放电

（1）锂离子电池的终止放电电压。

锂离子电池的额定电压为 3.6 V（有的产品为 3.7 V），终止放电电压为 2.5～2.75 V（电池生产厂给出工作电压范围或给出终止放电电压，各参数略有不同）。电池的终止放电电压不应小于 2.5 V×n（n 是串联的电池数），低于终止放电电压后还继续放电称之为过放，过放会使电池的寿命缩短，严重时会导致电池失效。电池不用时，应将电池充电到保有20%的电容量，再进行防潮包装保存，3～6 个月检测电压 1 次，并进行充电，保证电池电压在安全电压值（3 V 以上）的范围内。

（2）放电电流。

锂离子电池不适合用作大电流放电，过大电流放电时其内部会产生较高的温度，从而损耗能量，减少放电时间[90]。若电池中无保护元件还会因过热而损坏电池。因此电池生产厂给出了最大放电电流，在使用中不能超过产品特性表中给出的最大放电电流。

（3）放电温度。

锂离子电池在不同温度下的放电曲线是不同的。不同温度下，锂离子电池的放电电压及放电时间也不同，电池应在 $-20 \sim +60℃$ 温度范围内进行放电（工作）[91]。

2. 锂离子电池的充电

在使用锂离子电池时须注意，电池放置一段时间后则进入休眠状态，此时其电容量低于正常值，使用时间亦随之缩短。但锂离子电池很容易激活，只要经过 $3 \sim 5$ 次正常的充放电循环就可激活电池，恢复正常容量[92]。由于锂离子电池本身的特性，决定了它几乎没有记忆效应。因此新锂离子电池在激活过程中，是不需要特别的方法和设备的。

（1）充电设备。

对锂离子电池充电应使用专用的锂离子电池充电器[93]。锂离子电池充电采用"恒流/恒压"方式，先恒流充电，到接近终止电压时改为恒压充电。

应当注意不能用充镍镉电池的充电器（充三节镍镉电池的）来充锂离子电池（虽然额定电压一样，都是 3.6 V），由于充电方式不同，容易造成过充。

（2）充电电压。

充满电时的终止充电电压与电池负极材料有关，焦炭为 4.1 V，石墨为 4.2 V，一般称为 4.1 V 锂离子电池及 4.2 V 锂离子电池。在充电时应注意 4.1 V 的电池不能用 4.2 V 的充电器进行充电，否则会有过充的危险（4.1 V 与 4.2 V 的充电器所用的 IC 不同）。锂离子电池对充电的要求很高，它设有精密的充电电路以保证充电的安全[94]。终止充电电压精度允差为额定值的 $\pm 1\%$（例如，充 4.2 V 的锂离子电池，其允差为 ± 0.042 V），过压充电会造成锂离子电池永久性损坏。

（3）充电电流。

锂离子电池充电电流应根据电池生产厂的建议确定，并要求有限流电路以免发生过流（过热）。一般常用的充电率为 $0.25 \sim 1C$，推荐的充电电流为 $0.5C$。

（4）充电温度。

对锂离子电池充电时其环境温度不能超过产品特性表中所列的温度范围。电池应在 $0 \sim 45℃$ 温度范围内进行充电，远离高温（高于 $60℃$）和低温（$-20℃$）环境。

锂离子电池在充电或放电过程中若发生过充、过放或过流时，会造成电池的损坏或降低其使用寿命。为此人们开发出各种保护元件及由保护 IC 组成的保护电路，它安装在电池或电池组中，使电池获得完善的保护。但在锂离子电池的使用中应尽可能防止过充电及过放电[95]。例如，仿鱼机器人所用电池在充电过程中，快充满时应及时与充电器进行分离。放电深度浅时，循环寿命会明显提高。因此在使用时，不要等到机器人提示电池电能不足时才去充电，更不要在出现提示信号后还继续使用，尽管出现此信号时还有一部分残余电量可供使用。

3.1.4　锂聚合物电池

3.1.4.1　锂聚合物电池简介

虽然锂离子电池具有很多优点，但它并非完美无缺。高的能量密度和低的自放电率使它相对其他电池占有一定优势。

首先影响锂离子电池性能的是其安全性问题。相对于铅酸蓄电池、镍氢电池等具备较强的抗过充、过放电的能力，锂离子电池在充、放电时容易出现险情[96]。锂离子电池的充电截止电压必须限制在 4.2 V 左右，如果过充，锂离子电池将会过热、漏气甚至发生猛烈的爆炸。另一方面，锂离子电池具有严格的放电底限电压，通常为 2.5 V，如果低于此电压继续放电，将严重影响电池的容量，甚至对电池造成不可恢复的损坏。因此，在使用锂离子电池组时必须配备专门的过充电、过放电保护电路。

图 3 - 4　锂聚合物电池

其次影响锂离子电池性能的是价格。锂离子电池的价格较高，并且需要配备保护电路，因此相同能量的锂离子电池其价格是免维护铅酸蓄电池的 10 倍以上。为了解决这些问题，最近出现了锂聚合物电池（Li - Polymer，见图 3 -4），其本质同样是锂离子电池，而所谓锂聚合物电池（也就是聚合物锂离子电池）是其在电解质、电极板等主要构造中至少有一项使用了高分子材料。

1. 锂聚合物电池的特点

相对于锂离子电池，锂聚合物电池的特点如下：

（1）相对改善了电池漏液问题，但改善不太彻底。

（2）可制成薄型电池，以 3.6 V、250 mAh 的容量而言，电池厚度可薄至0.5 mm。

（3）电池可设计成多种形状。

（4）可制成单颗高电压电池。液态电解质的电池仅能以数颗电池串联得到高电压，而高分子电池由于本身无液体，可在单颗内做成多层组合来达到高电压[97]。

（5）理论上放电量高出同样大小的锂离子电池约10%。

在锂聚合物电池中，电解质起着隔膜和电解液的双重功能：一方面它可以像隔膜一样隔离开正负极材料，使电池内部不发生自放电及短路现象[98]；另一方面它又像电解液一样在正负极之间传导锂离子。聚合物电解质不仅具有良好的导电性，而且还具备高分子材料所特有的质量轻、弹性好、易成膜等特性，也顺应了化学电源质量轻、体积小、安全、高效、环保的发展趋势。

2. 锂聚合物电池的安全问题

所有的锂离子电池（包括聚合物锂离子电池、磷酸铁锂电池），无论是以前的，还是当前的，都非常害怕出现内部短路、外部短路、过充这些现象。因为锂的化学性质非常活跃，很容易燃烧，当电池放电或充电时，电池内部会持续升温，活化过程中所产生的气体膨胀，电池内压加大，压力达到一定程度，如外壳有伤痕，即会破裂，引起漏液、起火，甚至爆炸[99]。

技术人员为了缓解或消除锂离子电池的危险，加入了能抑制锂元素活跃的成分（比如钴、锰、铁等），但这些并不能从本质上消除锂离子电池的危险性。

普通锂离子电池在过充、短路等情况发生时，电池内部可能出现升温、正极材料分解、负极和电解液材料被氧化等现象，进而导致气体膨胀和电池内压加大，当压力达到一定程度后就可能出现爆炸[100]。而锂聚合物电池因为采用了胶态电解质，不会因为液体沸腾而产生大量气体，从而杜绝了剧烈爆炸的可能。

目前国内出产的锂聚合物电池多数是软包电池，采用铝塑膜做外壳，但电解液并没有改变[101]。这种电池同样可以薄型化，其低温放电特性较好，而材料能量密度则与液态锂电池、普通聚合物电池基本一致。由于使用了铝塑膜，比普通液态锂电池更轻。在安全方面，当液体刚沸腾时软包电池的铝塑膜会自然鼓包或破裂，同样不会爆炸。

须注意的是，新型电池依然可能燃烧或膨胀裂开，安全方面也并非万无一失。所以大家在使用各种锂离子电池时候，一定要高度警惕，注意安全。

3. 锂聚合物电池的构造

锂聚合物电池的结构比较特殊，由五层薄膜组成。第一层用金属箔作集电极，第二层为负极，第三层是固体电解质，第四层用铝箔作正极，第五层为绝缘层，五层叠起来的总厚度为 0.1 mm[102]。为防止电池瞬间输出大电流时而引起过热，锂聚合物电池有一个严格的热管理系统，控制电池的正常工作温度。锂聚合物电池主要优点是消除了液体电解质，可以避免在电池出现故障时，电解质溢出而造成的污染。

3.1.4.2　锂聚合物电池的工作原理

在电池的三要素——正极、负极与电解质中，锂聚合物电池至少有一个或一个以上的要素是采用高分子材料制成的。在锂聚合物电池中，高分子材料大多数被用在了正极和电解质上。正极采用导电高分子聚合物或一般锂离子电池使用的无机化合物，负极采用锂金属或锂碳层间化合物，电解质采用固态或者胶态高分子电解质，或者是有机电解液，因而比能量较高[103]。例如，锂聚苯胺电池的比能量可达 350 Wh/kg，但比功率只有 50～60 W/kg。由于锂聚合物中没有多余的电解液，因此它更可靠和更稳定。

目前常见的液体锂离子电池在过度充电的情形下，容易造成安全阀破裂因而起火爆炸，这是非常危险的。所以必须加装保护电路以确保电池不会发生过度充电的情形。而高分子锂聚合物电池相对液体锂离子电池而言具有较好的耐充放电特性，对外加保护 IC 线路方面的要求可以适当放宽。此外，在充电方面，锂聚合物电池可以利用 IC 定电流充电，与锂离子电池所采用的"恒流－恒压"充电方式比较起来，可以缩短充电等待的时间。

新一代的锂聚合物电池在聚合物化的程度上做得非常出色，所以形状上可以做到很薄（最薄为 0.5 mm），还可以实现任意面积和任意形状，大大提高了电池造型设计的灵活性，从而可以配合产品需求，做成任何形状与容量的电池。同时，锂聚合物电池的单位能量比目前的一般锂离子电池提高了 50%，其容量、充放电特性、安全性、工作温度范围、循环寿命与环保性能都较锂离子电池有了大幅度的提高，得到人们的青睐。

3.1.4.3　锂聚合物电池的使用特点

（1）锂聚合物电池需配置相应的保护电路板。它具有过充电保护、过放电保护、过流（或过热）保护及正负极短路保护等功能；同时在电池组中还有均流及均压功能，以确保电池使用的安全性[104]。

（2）锂聚合物电池需配置相应的充电器，保证充电电压在 4.2 V±0.05 V 的范围内。切勿随便使用一个锂电池充电器来对其充电。

（3）切勿深度放电（放电到 2.75 V），放电深度浅时可提高电池的寿命（它没有记忆效应），采用浅度放电（放电到 3 V）较为合适。

（4）不能与其他种类电池或不同型号的锂聚合物电池混用。

（5）不能挤压、折弯电池，否则会对其造成损坏。

（6）不要放在加热器及火源附近，否则会损坏电池。

（7）长期不用时应定期充电，使电压保持在 3.0 V 以上。

（8）注意不同的放电倍率与放电容量大小有关，其相互关系如表 3－1 所示。

表 3 - 1　锂聚合物电池放电倍率与放电容量的关系

放电倍率	$1C$	$2C$	$5C$	$10C$	$12C$
放电容量比/%	99	98	95	90	70

3.1.4.4　锂聚合物电池的充放电特性

通常认为，锂聚合物电池在贮存状态下的带电量以 40% ~ 60% 之间最为合适。当然很难时时做到这一点。闲置的锂聚合物电池也会受到自放电的困扰，长久的自放电会造成电池过放。为此，应针对自放电现象做好两手准备：一是定期充电，使其电压维持在 3.6 ~ 3.9 V 之间，锂聚合物电池因为没有记忆效应可以随时充电；二是确保放电终止电压不被突破，如果在使用过程中出现了电量不足的警报，应果断停用相应设备。

1. 放电

（1）环境温度。放电是锂聚合物电池的工作状态，此时的温度要求为 - 20 ~ 60℃ 。

（2）放电终止电压。目前普遍的标准是 2.75 V，有的可设置为 3 V。

（3）放电电流。锂聚合物电池也有大电流、大容量等类型，可以进行大功率放电的锂聚合物电池其电流应控制在产品规格书的范围以内。

2. 充电

锂聚合物电池充电器的工作特性应符合锂电池充电三阶段的特点，即能够实现预充电、恒流充电和恒压充电三个阶段的充电要求。为此，原装充电器是上上之选。

（1）环境温度。锂聚合物电池充电时的环境温度应控制在 0 ~ 40℃ 范围内。

（2）充电截止电压。锂聚合物电池的充电截止电压为 4.2 V，即使是多个电池芯串联组合充电，也要采用平衡充电方式，保证单只电芯的电压不会超过 4.2 V 。

（3）充电电流。锂聚合物电池在非急用情况下可用 $0.2C$ 充电，一般不能超过 $1C$ 充电。

3.1.5　镍氢电池

镍氢电池（见图 3 - 5）是早期镍镉电池的替代产品。由于不再使用有毒的重金属——镉，镍氢电池可以消除重金属元素给环境带来的污染问题。镍氢电池使用氧化镍作为阳极，使用吸收了氢的金属合金作为阴极，这种金属合金可吸收高达本身体积 100 倍的氢，储存能力极强。另外，镍氢电池具有与镍镉电池相同的 1.2 V 电压，加上自身的放电特性，可在一小时内再充电。由于内阻较低，一般可进行 500 次以上的充放电循环。镍氢电池具有较大的能量密度比，这意味着人们可以在不增加设备额外重量的情况下，使用镍氢电池代替镍镉电池来有效延长设备的工作时间。镍氢电池在电学特性方面与镍镉电池亦基本相似，在实际应用时完全可以替代镍镉电池，而不需要对设备进行任何改造。镍氢电池另外一个值得称道的优点是它大大减小了镍镉电池中存在的"记忆效应"，这使镍氢电池可以更加方便地使用。

图 3 - 5　镍氢电池

3.1.5.1　镍氢电池的分类及特点

镍氢电池可分为低压镍氢电池和高压镍氢电池两种。

1. 低压镍氢电池的特点

（1）电池电压为 1.2 ~ 1.3 V，与镍镉电池相当；

（2）能量密度高，是镍镉电池的 1.5 倍以上；

（3）可快速充放电，低温性能良好；

（4）可密封，耐过充电、过放电能力强；

（5）无树枝状晶体生成，可防止电池内短路；

（6）安全可靠，对环境无污染，无记忆效应。

2. 高压镍氢电池的特点

（1）可靠性强。具有较好的过放电、过充电保护功能，可耐较高的充放电率并且无树枝状晶体形成。具有良好的比能量特性，其质量比容量为 60 Ah/kg，是镍镉电池的 5 倍。

（2）循环寿命长，可达数千次之多。

（3）全密封，维护少。

（4）低温性能优良，在 - 10℃时，容量没有明显改变。

由于化石燃料在人类大规模开发利用的情况下变得越来越少，近年来，氢能源的开发利用日益受到重视。镍氢电池作为氢能源应用的一个重要方向得到人们的青睐。虽然镍氢电池确实是一种性能良好的蓄电池，但航天用镍氢电池是高压镍氢电池（氢压可达 3.92 MPa，即 40 kg/cm^2），高压力氢气贮存在薄壁容器内使用存在爆炸的风险，而且镍氢电池还需要贵金属做催化剂，使它的成本变得昂贵起来，在民用市场难以推广。因此国外自 20 世纪 70 年代开始就一直在研究民用的低压镍氢电池。

需要注意的是，镍氢电池的大电流放电能力不如铅酸蓄电池和镍镉电池，尤其是电池组串联较多时。例如由 20 个镍氢电池串联起来使用，其放电能力被限制在 $2\sim3C$ 范围内。

3.1.5.2　镍氢电池的工作原理

镍氢电池采用与镍镉电池相同的 Ni 氧化物作正极，采用储氢金属合金作负极，碱液（主要为 KOH）作电解质，其内部结构如图 3 - 6 所示[105]。

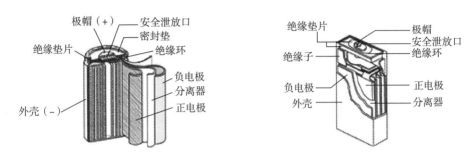

图 3 - 6　镍氢电池内部结构示意图

在镍氢电池中，活性物质构成电极极片的工艺方式主要有烧结式、拉浆式、泡沫镍式、纤维镍式及嵌渗式等，不同工艺制备的电极在容量、大电流放电性能上存在较大差异。一般根据电池的使用条件采用不同的工艺进行生产[106]。在通信行业等民用领域里使用的电池大多采用拉浆式负极和泡沫镍式正极，其充放电化学反应如下：

正极：$Ni(OH)_2 + OH^- = NiOOH + H_2O + e^-$

负极：$M + H_2O + e^- = MHab + OH^-$

总反应：$Ni(OH)_2 + M = NiOOH + MH$

注：M 表示氢合金；Hab 表示吸附氢；反应式从左到右的过程为充电过程；反应式从右到左的过程为放电过程。

充电时正极的 $Ni(OH)_2$ 和 OH^- 反应生成 NiOOH 和 H_2O，同时释放出 e^- 一起生成 MHab 和 OH^-，总反应是 $Ni(OH)_2$ 和 M 生成 NiOOH，储氢合金储氢；放电时与此相反，MHab 释放 H^+，H^+ 和 OH^- 生成 H_2O 和 e^-，NiOOH、H_2O 和 e^- 重新生成 $Ni(OH)_2$ 和 OH^-。电池的标准电动势为 1.319V[107]。

3.1.5.3　镍氢电池的使用特点

（1）一般情况下，新的镍氢电池只含有少量的电量，购买后要先进行充电，然后再使用。如果电池出厂时间较短，电量充足，则可以先使用然后再充电[108]。新买的镍氢电池一般要经过 3~4 次的充电和使用，性能才能发挥到最佳状态。

（2）虽然镍氢电池的记忆效应小，但尽量每次使用完以后再充电，并且尽量一次性充满，不要充一会用一会，然后再充。电池充电时，要注意充电器周围的散热情况。为了避免电量流失等问题发生，保持电池两端的接触点和电池盖子的内部干净，必要时使用柔软、清洁的干布擦拭。

（3）长时间不用时应把电池从电池仓中取出，置于干燥的环境中（推荐放入专用电池盒中，可以避免电池短路）。长期不用的镍氢电池会在存放几个月后，自然进入一种"休眠"状态，电池寿命会大大降低。如果镍氢电池已经放置了很长时间，应先用慢充方式进行充电。据测试，镍氢电池保存的最佳条件是带电80%左右保存。这是因为镍氢电池的自放电较大（一个月在10% ~ 15%），如果电池完全放电后再保存，很长时间内不使用，电池的自放电现象就会造成电池的过放电，会损坏电池。

（4）尽量不要对镍氢电池进行过放电。过放电会导致充电失败，这样做的危害远远大于镍氢电池本身的记忆效应。一般镍氢电池在充电前，电压在1.2 V以下，充满后正常电压在1.4 V左右，可由此判断电池的状态。

（5）充电方式可分为快充方式和慢充方式。慢充方式中充电电流小，通常在200 mA左右，常见的充电电流为160 mA。慢充方式充电时间长，充满1 800 mAh的镍氢电池要耗费16个小时左右。时间虽慢，但慢充方式充电会很足，并且不伤电池。快充方式充电电流通常都在400 mA以上，充电时间明显减少了很多，3 ~ 4个小时即可完成充电。

3.1.5.4　镍氢电池的充放电特性

在充电特性方面，镍氢电池与镍镉电池一样，其充电特性受充电电流、温度和充电时间的影响[109]。镍氢电池端电压会随着充电电流的升高和温度的降低而增加；充电效率则会随着充电电流、充电时间和温度的改变而不同。充电电流越大，镍氢电池的端电压上升得越高。

在放电特性方面，镍氢电池以不同速率放电至同一终止电压时，高速率放电初始过程端电压变化速率最大，中小速率放电过程端电压变化速率小，放出相同的电量的情况下，高速率放电结束时的电池电压低。与镍镉电池相比，镍氢电池具有更好的过放电能力。当过放电后单格电压达到1 V，可通过反复的充、放电，单格电压很快会恢复到正常值。

镍氢电池使用时的维护要点：

（1）使用过程忌过充电。在循环寿命之内，使用过程切忌过充电，这是因为过充电容易使正、负极发生膨胀，造成活性物脱落和隔膜损坏、导电网络破坏和电池欧姆极化变大等问题。

（2）防止电解液变质。在镍氢电池循环寿命期中，应抑制电池析氢。

（3）如果需要长期保存镍氢电池，应先对其充足电；否则在电池没有储存足够电能的情况下长期保存，将使电池负极储氢合金的功能减弱，并导致电池寿命减短。

（4）镍氢电池和镍镉电池相同，都有"记忆效应"，如果在电池还残存电能的状态下反复充电使用，电池很快就不能再用了。

时至今日，镍氢电池已经是一种成熟的产品，目前国际市场上年产镍氢电池的数量约为 7 亿只。日本镍氢电池产业规模和产量一直高居各国前列，在镍氢电池领域也开发和研制了多年。我国制造镍氢电池原材料的稀土金属资源十分丰富，已经探明的稀土储量占世界已经探明总储量的80%以上。目前国内研制开发的镍氢电池原材料加工技术日趋成熟，相信在不久的未来，我国镍氢电池的产量和质量一定会领先世界。

需要提及的是：有些仿鱼机器人可能会采用松下公司生产的 Eneloop 四节串联 5 号电池，如图 3 - 7 所示。Eneloop 电池有如下特性：

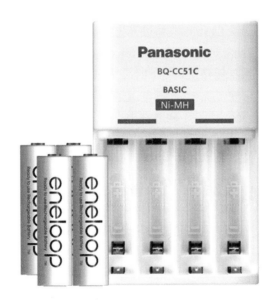

图 3 - 7　Eneloop 电池及充电器

①超低的自放电，充满电存放一年还可保存85%电量，存放半年则可保存90%电量；

②无记忆效应，随充随用，对电池不造成任何伤害，可保证电池的寿命和容量；

③耐低温，在北方低温天气下可以保持足够的电力；

④电压相对普通电池要高出 0.1 V 左右；

⑤超多充电次数，是普通充电电池的两倍，为 1 000 次，寿命约为 10 年；

⑥出厂已充满电，即买即用，无须事先进行充电；

⑦环保，可回收再利用。

3.2 多彩的形态

3.2.1 体形和皮肤

1. 鱼儿的体形

鱼类由于生活习性和栖息环境的不同，经过长期的进化和演变，分化出各种不同的体形。多数鱼类生活在温带和热带海洋水深 200 m 内的中上层，具有纺锤形的体形，能作快速而持久的游泳。栖息在江湖河池和静水水域中的鱼类，一般都有与纺锤形相似的侧扁形体形，这些鱼类游速较慢，行动不太敏捷，很少作长途迁徙。还有适应底栖生活的平扁形体形，以及潜伏于泥沙而适于穴居或擅长在水底礁石岩缝间穿绕游泳的鳗形体形等。

鱼体可分为头、躯干和尾部三个部分。头和躯干之间以鳃盖后缘（或最后一对鳃裂）的鳃孔为界，而躯干与尾部的分界线是肛门或泄殖孔[110]。鱼类不仅具有背鳍、臀鳍和尾鳍等奇鳍，还具有胸鳍和腹鳍等偶鳍。鳍膜内有鳍条支持，鳍条包括棘和软鳍条两类。棘和软鳍条的数目依鱼的品种而异，是鱼类分类学上的鉴别特征之一。胸鳍位于头的后方，是协助平衡鱼体和控制运动方向的器官。鳐、虹等软骨鱼类的胸鳍扩大，与躯干结合成盘状；马鲛、鱿鱼、红娘鱼、鬼鲉的部分胸鳍鳍条呈游离的长丝状或指状；海鳝、黄鳝和舌鳗等少数鱼类无胸鳍。腹鳍具有稳定身体和辅助升降的作用，通常体积小于胸鳍。

鱼的口位于头的前部，由活动性的上、下颌支持，这是脊椎动物中从鱼类开始出现的结构，因此，鱼纲、两栖纲、爬行纲、鸟纲和哺乳纲动物合称为颌口类。颌的出现在脊椎动物发展史上是一个极其重要的形态发展和进步，并由此引起动物生活方式的重大改变。动物可以用上、下颌构成的口作为索食工具，主动地追逐捕食对象，增加获取食物的机遇，并通过口中牙齿的撕咬和压研作用，使原来不能直接利用的物质转变为食物，从而拓展了食物的来源。上、下颌既是鱼类索食、攻击和防御的器官，也是营巢、求偶、钻洞和呼吸进水时的工具。颌的出现及其多用途的活动机能，还促进了运动器官、感觉器官和其他相关器官的发展，从而带动了动物体结构的全面进化。有些鱼类在口的周围还长有 1~5 对触须，触须上分布有味蕾，可视为味觉功能。根据触须生长部位的不同而分别命名为吻须、颌须和颏须等。

2. 鱼儿的皮肤及其衍生物

鱼类的皮肤由表皮和真皮组成，还有色素细胞、毒腺、发光器和鳞片等皮肤衍生物及附属结构[111]。鱼儿皮肤的主要功能是保护身体，但有些鱼类的皮肤还有辅助呼吸、感受外界刺激和吸收少量营养物质的机能[112]。鱼儿皮肤的表皮可分为基部的生发层和上部的腺层，生发层细胞具旺盛的分生能力，是产生新细胞的增殖层；腺层内因含杯状细胞、颗粒细胞、浆液细胞、棒状细胞、线细胞等单细胞腺而得名。单细胞腺分泌的大量黏液，能润滑鱼的体表，减少游泳时与水的摩擦，鱼体只需消耗较少的能量，即可获得较快的运动速度。黏液还能保护鱼体使之免遭病菌、寄生物和病毒的侵袭。黏液有迅速凝结和沉淀水中悬浮物质（泥沙、污物）的作用，这对栖息在水质混浊环境中的鱼类而言，更具有特殊的生存价值和实用意义。真皮的厚度大于表皮，位于表皮层的下方，由纵横交错的纤维结缔组织（胶原纤维和弹性纤维）组成，自表及里可分为外膜层、疏松层和致密层 3 层。真皮层下面还有一层不太发达的皮下层，内含色素细胞、脂肪细胞和供应皮肤营养的毛细血管等。色素细胞有 4 种，即黑色素细胞、红色素细胞、黄色素细胞和虹彩细胞（或称反光体），丰富多彩的鱼类体色就是由于各种色素细胞互相配合而成的。毒腺由许多表皮细胞集合在一起，沉入真皮层内，外包结缔组织，特化成一个能分泌有毒物质的腺体。毒腺与刺、棘的关系比较密切，常位于牙或刺棘的基部及其周围，毒液可通过棘沟或棘管注入其他动物体内，达到自卫、攻击或捕食的目的。许多深海鱼类的体表具有适于在黑暗环境生活的发光器，其形状、大小、数目、位置及构造随鱼种类而不同。典型的发光器一般由下部的发光腺、上部的晶体及包裹在外面的反射层、色素罩等各部组成。发光腺可分泌一种含磷的荧光素，在荧光酶的作用下，能被血液中的氧所氧化，成为氧化荧光素而发出不同颜色的冷光，用于照明、寻觅食物或识别同类。氧化荧光素只有在氯化钠溶液以及与海水等渗有各种盐类溶液中才能发光，如图 3-8 所示。

大多数鱼类的全身或一部分被有鳞片，具有保护鱼体的作用，只有少数鱼类无鳞或少鳞。鱼鳞可分为 3 种，即骨鳞、盾鳞和硬鳞，分别被覆于硬骨鱼类、软骨鱼类及硬鳞鱼类的体表。骨鳞（图 3-9）是鱼鳞中最常见的一种，是真皮层的产物，仅见于硬骨鱼类。骨鳞柔软扁薄，富有弹性，表面可分为基区（前区）、顶区（后区）、上侧区和下侧区，在偏近前区处有一鳞焦，是鳞片的最早形成部分。基区斜埋在真皮的鳞袋内，前后相邻的鳞片作覆瓦状排列于表皮下，顶区露出部分的边缘，因呈现圆滑或带有齿突而被称为圆鳞及栉鳞。骨鳞分为上、下 2 层，上层为骨质层（也称骨片层或透明齿质层），脆薄

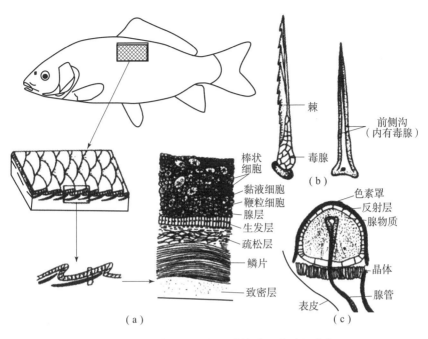

图 3-8　鱼类（鲤）的皮肤构造及皮肤衍生物

（a）鲤鱼的皮肤；（b）鳗鲇（左）和蓝子鱼（右）的毒刺；（c）圆罩鱼的发光器切面

而坚固，表面有环圈状的隆起线，叫作鳞嵴；下层为纤维层（也称纤维板或基板），由成层的辐射纤维和环状纤维排列而成。上、下两层的生长方式不同，上层是从原来的骨质层边缘向外逐圈添加，中央部和外周部的厚度几乎是始终相等的；下层是一片一片地从底部中心往外缘生长，即每次新长出的一片总是重叠在最底层，而且比老的上一层长得大一些，因此鳞片的最厚处总是位于中央部，并将随同鱼鳞增大而逐年有所加厚。鱼鳞数目终生不变，但能继续增大，可用作分类鉴定特征之一。鱼鳞表面的鳞嵴间距随生长速度而变化，这是外界环境影响及鱼体内营养物质摄取状况在鳞片上的反映，在冬季生长缓慢时期，鳞嵴显得微弱而狭窄，相互接近，甚至出现中断、走向改变、波曲等情况；当春夏之际进入生长恢复期时，在缓慢生长区的鳞嵴边缘产生许多新的、连续的和间隔宽阔的环形鳞嵴，鱼体周期性有规律的生长及其在鳞片表面留下的鳞嵴变化痕迹，每年形成一个宽、窄相间的生长带，即为年轮，可用作确定或估计鱼龄的标志（见图 3-9）。骨鳞可发生各式各样的变异，形成鲼科鱼类侧线上的骨质棱鳞、刺鱼体侧的骨板、包在玻甲鱼体外的透明骨甲和箱鲀的骨箱等，以适应不同环境和特殊的生活方式。

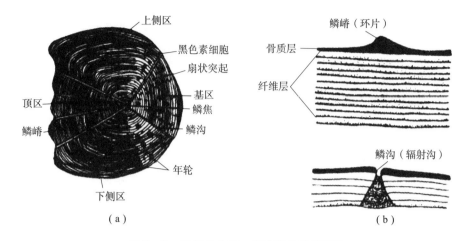

图 3 - 9　骨鳞的分区、表面结构及横切面

（a）鲫鳞片分区及表面结构；（b）骨鳞的切面

盾鳞为软骨鱼所特有，平铺于体表，且互成对角线排列，可使流经表面的水流平顺，涡漩减少，有助于鱼儿提高游泳速度。盾鳞由菱形的基板和附生在基板上的鳞棘组成，棘外覆有釉质，其构造与牙齿相似，血管、神经可穿过基板孔进入鳞棘的髓腔内。

硬鳞只存在于少数硬骨鱼（鲟鱼、鳇鱼、弓鳍鱼、雀鳝、多鳍鱼等）中，来源于真皮层，鳞质坚硬，成行排列而不呈覆瓦状。硬鳞会在一定程度上影响鱼体活动的灵活性。分布在我国的鲟鱼和鳇鱼除了尾鳍上叶保留着若干硬鳞外，其余的均已消失不见，至于体侧块状骨片是骨板而非硬鳞。

3.2.2　骨骼系统

经过长期的进化，鱼类已经具备较为发达的内骨骼系统，按其功能和所在部位，以及胸、腹鳍的出现，可分为中轴骨骼和附肢骨骼两部分。中轴骨骼包括头骨和脊柱，附肢骨骼包括带骨和鳍骨，如图 3 - 10 所示。鱼类的骨骼系统由软骨或硬骨组成。

1. 中轴骨骼

（1）头骨。

头骨可分为包藏脑及视、听、嗅等感觉器官的脑颅和左右两边包含消化管前段的咽颅二部分。鱼类具有完整的脑颅，它由一块箱状的软骨或许多骨片拼接而成，只留有口、鼻孔、眼和鳃孔等器官未被包在脑颅内。构成脑颅的骨块多数位于脊椎动物中的任何一纲，这些骨块分别位于脑颅的鼻区、蝶区、耳区、枕区，以及脑颅的背、腹和侧面。鼻区有中筛骨和侧筛骨；蝶区有组成

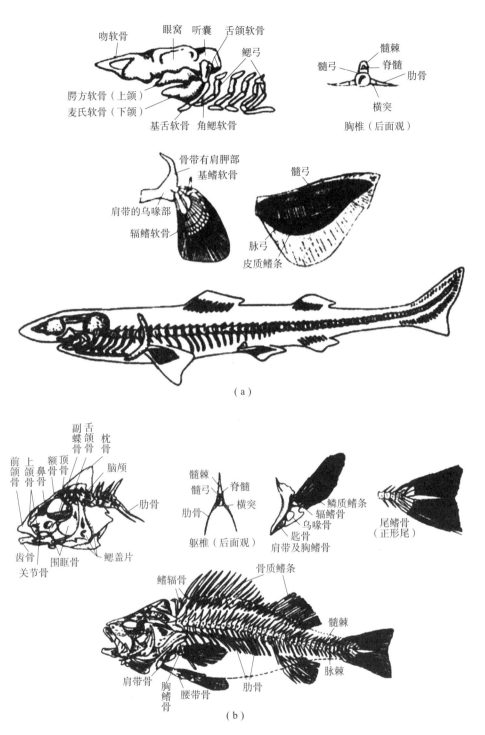

图 3 - 10　鱼类（鲨、鲈）的骨骼系统

（a）鲨鱼；（b）鲈鱼

眼窝前、后壁的眶蝶骨和翼蝶骨，脑颅侧面围绕眼眶四周的是数目不等的围眶骨；耳区前接蝶区而包围耳囊，本区有蝶耳骨、前耳骨，翼耳骨、上耳骨和后耳骨等；枕区是脑颅的最后部，由围绕枕骨大孔的上枕骨、侧枕骨和基枕骨组成。此外，脑颅背面自前往后还覆有成对的鼻骨、额骨、顶骨，腹面则有犁骨和副蝶骨各一块。

咽颅是7对分节的弧形软骨，位于脑颅下方并围绕着消化管的前段。第一对为颌弓，在软骨鱼类中构成上、下颌，这是脊椎动物最早出现的原始颌，称作初生颌。硬骨鱼类和其他脊椎动物的上、下颌分别被前颌骨、上颌骨和齿骨等膜骨构成的次生颌所代替，而原来组成初生颌的骨块则退居口盖部或转化为听骨。第二对为舌弓，包括背面一对舌颌骨、中部的一对角舌骨和位于腹面连接左、右角舌骨的单块基舌骨；舌颌骨的上端固着于脑颅，下端以韧带或通过其他骨块与下颌关联，鱼类以舌颌骨将下颌悬挂于脑颅的形式称为舌接式。第三至第七对是支持鳃的鳃弓。硬骨鱼类的第五对鳃弓特化成一对下咽骨，下咽骨上无鳃，其内侧在不同鱼类中长有数目、形状和排列方式各异的咽齿，常用于鲤科鱼类分类的依据。覆盖在鳃弓外侧并构成鳃腔的是3~4块鳃盖骨，其中以主鳃盖骨最大，它的上角前缘与舌弓背部的舌颌骨关联，可以在鱼类完成呼吸动作时，使主鳃盖骨的开关与口的闭启起到配合协调的作用。

（2）脊柱。

脊柱紧接于脑颅之后，由一连串软骨或硬骨的椎骨关联而成，从头后至尾按节排列，取代了脊索的地位，成为对体轴强有力的支持及保护脊髓的结构[113]。鱼类的椎骨完整，中央为椎体，椎体的两端凹入，是脊椎动物中最原始的双凹型椎体。相邻的2个椎骨之间彼此以前、后关节突关联，因而加强了椎骨的坚韧性和活动性。2个双凹型椎骨间所形成的球形腔内仍留有残存的脊索，并通过椎体正中的小孔道，使整条脊索串连成念珠状。脊柱的分化程度较低，分为躯椎和尾椎两个部分。每一躯椎由椎体、椎弓、髓棘、椎体横突等各个部分构成；尾椎则包括椎体、髓弓、髓棘、脉弓和脉棘等各个部分。两者在椎体上方的构造完全相同，但躯椎具有肋骨，而硬骨鱼类的肋骨还从两侧包围体腔起着保护内脏的作用；脉弓为尾动脉和尾静脉提供了通道。椎弓于椎体上方构成椎管，是容纳脊髓通过的管道。

2. 附肢骨骼

鱼类的附肢骨骼包括鳍骨及悬挂鳍骨的带骨，而鳍骨又可分为奇鳍骨和偶鳍骨[114]。

（1）奇鳍骨。

它是一系列深埋于体肌内的支鳍骨，每个支鳍骨分为上、中、下三节，该骨的上节支持着一根背鳍条或臀鳍条。尾鳍是鱼类游泳时的主要推进器官，最后几枚尾椎骨愈合成一根翘向后上方的尾杆骨，尾杆骨的上、下各有若干骨片或软骨片愈合而成的上叶和下叶，作为支持尾鳍鳍条的支鳍骨。

（2）带骨和偶鳍骨。

悬挂胸鳍的带骨为肩带，由伸向背面的肩胛骨、腹面的乌喙骨及匙骨、上匙骨、后匙骨等组成，并通过上匙骨牢固地关联在头骨上。软骨鱼类的肩带位于咽颅的后方呈半环形，不与头骨或脊柱关联，只包括肩胛部和乌喙部两部分。肩带外侧有一与胸鳍连接的关节面，称为肩臼。绝大多数鱼类的胸鳍具有单列型偶鳍骨。软骨鱼类的胸鳍内的支鳍骨有基鳍软骨和辐鳍软骨，外侧为皮质鳍条，硬骨鱼类的支鳍骨趋于退化，常出现肩带直接关联鳞质鳍条的现象。

连接腹鳍的带骨为腰带，构造非常简单，位于泄殖孔前方，呈一字形的坐耻杆，或由一对无名骨构成的三角形骨板。腰带两端通过关节面与腹鳍的鳍骨而关联。雄性软骨鱼类的交配器叫作鳍脚，是腹鳍内侧一块基鳍软骨特化所成的变形器官；硬骨鱼类腹鳍的支鳍骨与腰带愈合，或呈粒状介于无名骨和真皮鳍条之间。

3.3 灵活的尾巴

3.3.1 鱼尾

鱼尾最基本的作用是推动身体前进和控制方向，以及和胸鳍一起起到维持平衡的作用。此外，有些鱼类的尾巴还有着某些特殊的作用，例如，雄性孔雀鱼的尾巴和孔雀的尾巴一样，能够帮助它吸引异性，在争夺异性的青睐时发挥重大作用；<u>魟</u>鱼的尾巴可以作为自卫的武器。

鱼的各种游泳动作都是依靠鳍的运动来完成的。如果断了胸鳍，鱼儿就会前沉；若把背鳍切除，鱼儿便会后沉。假如把尾巴，即鱼儿的尾鳍割去，鱼儿便会失去方向，不能前进。由此表明，鱼体是靠尾巴推进并转向的。

如前所述，鱼儿不只具有尾鳍，还有背鳍、胸鳍、腹鳍、臀鳍，它们是鱼的游泳器官，如图 2 – 13 所示。

1. 胸鳍

鱼儿的胸鳍相当于高等脊椎动物的前肢，位于左右鳃孔的后侧，主要功用是使身体前进、控制方向或行进中起到"刹车"的作用。当鱼儿的尾鳍不运动时，其胸鳍向身体的两侧张开，这时如果它们作前后摆动，鱼体就会前进；一侧胸鳍摆动时鱼体会向不动的一侧转弯；若失去平衡了，鱼体会左右摇摆不定。

2. 腹鳍

鱼儿的腹鳍相当于陆生动物的后肢，具有协助背鳍、臀鳍维持鱼体平衡和辅助鱼体升降拐弯的作用[115]。腹鳍生长的位置随不同的鱼类而异，软骨鱼类的腹鳍一般位于泄殖腔孔的两侧，形状和胸鳍相似而稍小。硬骨鱼类的腹鳍位于躯干腹侧的叫腹鳍腹位。这是一类较为原始的种属，如鲤鱼、鲑鱼、鲇鱼、鲱鱼等；位于胸鳍前方、在鳃盖之后的胸部者叫腹鳍胸位，如鲈鱼、黄鱼和鲷鱼等；位于两鳃盖之间的喉部者叫腹鳍喉位，如鲇科和䲢科的鱼类。腹鳍胸位和腹鳍喉位是鱼类进化后出现的高级特征。这些位置各异的腹鳍，在鱼类演化史上是一个重要的标志，在动物分类学上具有重要的意义。

3. 背鳍

背鳍是沿水生脊椎动物的背中线而生长的正中鳍，是一种被生长在背部的鳍条所支持的构造产物，主要对鱼体的平衡起着作用。但有些体形长的鱼类，背鳍和臀鳍可以协助其身体运动，并推动鱼体急速前进。例如带鱼的背鳍、电鳗的臀鳍、海鳗的背鳍和臀鳍都能推动鱼体向前运动。又如特殊体形的海马，也是靠细小的背鳍来推动身体前进的。

4. 臀鳍

鱼儿的臀鳍位于鱼体的腹部中线、肛门后方，其形态与功能大体上与背鳍相似，基本功能是维持鱼儿身体的平衡，防止倾斜摇摆，还可以协调游泳动作。多数鱼类具有 1 个臀鳍，而鳕鱼具有 2 个。有些鱼儿的臀鳍全部由鳍条组成；有些鱼儿的臀鳍则由鳍条与硬棘组成。盲鳗的臀鳍可与尾鳍和背鳍相连，海鳗、鲆鲽类的臀鳍基底很长。

5. 尾鳍

尾鳍为鱼类和其他部分脊椎动物正中鳍的一种，位于尾端。在圆口纲等所见的为原始型，脊柱到末端　直是直的，而尾鳍被其分开，成为背腹两侧对称的原始正形尾。在软骨鱼类中，脊柱之尾端向背侧屈曲，与此相应，尾鳍之背叶较为发达，腹叶较小，呈不对称的歪形尾。而在硬骨鱼类中，背叶有所变小，腹叶有所变大，在外形上再次成为背腹对称的正形尾。

3.3.2 仿生鱼尾

由于许多鱼类在游动时主要通过脊椎曲线的波动来产生推进力，依此其推进机构可分为三部分：坚硬的头部、柔性的躯干和摆动的尾鳍，如图 3 - 11 所示[116]。其中，躯干可以看作是由一系列铰链连接而成的摆动链，尾鳍可以视作摆动的水翼，而胸鳍则可以视为能旋转、拍动的水翼。

对仿鱼机器人来说，摆动部分的关节数目越多，鱼体的柔性就越大，其游动时的灵活性就越高，但其身体的韧性和强度会变得越小，其游动的效率和加速度性能也会有所降低。一般而言，机械系统的关节数目越多，关节转动角度的累计误差会变大，而且关节数目增多的同时机械结构的可靠性会减弱，发生故障的可能性会随之增加。对仿鱼机器人这种串联铰链式的结构形式来说，其中任意一个关节的故障或损坏都会影响整个机械系统的工作性能。

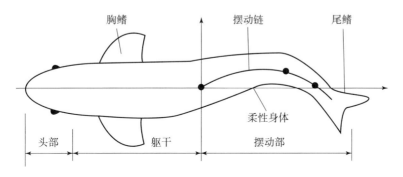

图 3 – 11　仿鱼机械结构的简单模型

仿鱼机器人机械结构设计的一个重要问题就是哪些参数对于其整体性能至关重要。因此，在具体观察的基础上，需要根据现实鱼类的身体特征，选取并确定对整体性能有着重要影响的几何参数。从工程实现的角度来看，对参数进行合理筛选，结合仿鱼机器人的设计指标，将相对次要的参数予以忽略，而选用重要的参数完成具体的设计工作，其效果可能会更好。因此，可以将依据图 3 – 11 所示简单模型归纳并筛选后得出的几个重要参数列举如下。

（1）摆动部分长度占身体总长的比例 R。

鱼体身长与摆动部分的比例是鱼类科目划分的一个重要依据。根据 R 值的不同，鱼类可以划分为鳗鲡科、鲹科、亚鲹科、鲔形科等。同时，这一比例对于鱼类游动的速度和机动性也有着重要的影响。一般来说，随着 R 值的减小，鱼类的游动效率和游动速度都会增加，但机动性能会有所下降。

（2）鱼体摆动部位的简化关节数 N。

一般而言，鱼体的摆动关节数 N 越多，鱼体的柔性就越大，其灵活性也就越高，但其游动效率就越低。考虑到机电系统的结构和尺寸约束，以及在多关节串联情况下容易出现的大误差累计，N 也非越大越好。设计过程中需要考虑仿鱼机器人的总体尺寸、所要求的性能以及机电系统的精度等因素。

（3）鱼体摆动部分各个关节之间的长度比。

在关节长度相对较短的部位，关节密集度较高，此处鱼体的柔性比较大，可以产生较大角度的摆动。多数鱼类沿着头尾轴的方向其关节长度比例越来越小，其摆动幅度由前向后则会逐渐增加，在尾柄处达到最大。

（4）尾鳍的形状。

尾鳍的形状与鱼儿身体的游动特征密切相关。一般来说，鱼儿主要由身体波动产生推动力，尾鳍的形状主要用来调节机动性能，多成半圆形和梯形。另外，R 越大，尾鳍的柔性就会较高；R 越小，尾鳍在摆动时产生的推进力越人，同时其刚性也越大。凡游动快速而又喜作长距离洄游的鱼类，其尾鳍多呈新月形或叉形，且尾柄较为狭细而有力，如金枪鱼、鲐鱼、鲅鱼等。

第 **4** 章

瞧瞧我的感官

4.1 大眼睛眨一眨

4.1.1 鱼儿的眼睛

鱼类的视觉主要用于识别饵料、辨认其他鱼类或猎食者，以及熟悉其栖息环境。因此，它几乎和鱼类的各种行为的形成都有关系。

鱼类视觉器官的形态构造、视觉形成都和水域光强度的特点息息相关。在自然界中，光线到达水面，大部分会被反射回去，仅有一小部分折射到水中；而随着入水深度的增加，进入水中的光线因被吸收和散射而逐渐减弱。因此，光强度在水域会有分层现象。例如，海洋可以分为光线充足、动植物繁盛的位于水面与水下 80 m 之间的真空层；仅有少量光线透入、植物数量稀少的位于水下 80 至 400 m 之间的弱光层；以及无植物存在的水面 400 m 以下的无光层。

　　鱼眼与人眼基本相似，但结构却非常简单，既没有眼睑，又没有泪腺，眼睛完全闭不上，故鱼儿即使睡觉时也睁着眼[117]。鱼眼内部的水晶体为圆球形，这种水晶体的弯曲度不能改变，从而限制了鱼眼的视线，仅能看到 12 m 远的物景，所以鱼是名副其实的"近视眼"。由于鱼儿长期生活在水里，多为色盲，它们会将红色视为褐色，只对白色稍为敏感。

　　鱼儿虽是近视眼，但对折射光线却很灵敏。当垂钓者站立在河岸边，还没有来得及投竿下钩，而鱼儿却早已察觉，远远遁逃。这就是因为鱼在水中，可以通过光线折射的作用，清晰地看到河岸上的景物。所以，垂钓者应该或蹲、或坐在岸边，使人体与水面保持最小的角度，切忌站在岸边来回走动，这样鱼儿就看不到人影了。实际上，鱼类眼睛的视野比人的视野要广阔得多。经科学家测定，淡水鱿鱼在垂直面上的视野为 150°，而人眼则不超过 134°；在水平面上的视野为 160°~170°，人眼仅为 154°。因此，鱼类不用转身就能看见前后左右和水面的物体。

　　鱼眼各式各样，丰富多彩，尺寸上有大有小，形状上各有异趣。这与它们日常所接触光线的强弱有关。一般而言，生活在普通水域里的鱼儿大都有着一双正常的眼睛；那些生活在水深 500 m 左右水域的鱼儿，由于那里光线暗淡，鱼儿得长上大眼睛才能看到东西，所以此水域中的鱼类眼睛通常较大，例如南海中的大眼鲷，其眼睛竟然占头长的二分之一；那些生活在水深 2 000 m 以下水域的鱼儿，由于那里没有光线，漆黑一片，所以鱼儿的眼睛大都退化，或变得很小，或变得根本没有眼睛，例如古巴附近水域的盲鱼实际上就是瞎子，日本盲鳗的眼睛也被鱼皮所遮盖。

　　鱼类的眼睛一般位于头部的两侧，鱼眼的位置也随其体形及生活方式的变化而有所不同，鱼眼的形状也并非一样。例如，比目鱼生活在海底，经常侧卧在海底的沙面上，所以它的两眼都长在身体向上的一面（见图 4 - 1），这与只需防备上面的天敌和注视上部的饵料有关。弹涂鱼的眼睛向外突出（见图 4 - 2），可以前后左右转动，因此它不用转动身体，也可眼观四方，这有利于它们在水面与滩涂上搜索食物与侦察敌情；南美洲的河流中生长着一种四眼鱼（图 4 - 3），它的眼睛不但生在头顶，而且还分成上下两部分，其上半部适宜空中视物，下半部适宜水下观察。这种鱼虽名"四眼"，实际上只有两个眼球，只不过其结构特别奇特而已。四眼鱼平常静静地停留在水面上层，两只眼睛一半露出水面，这样它就能上视空中，下瞰水底，从容地捕获水面上上下下活动的昆虫。此外，生活在浑浊水底或常常钻入泥淖里的黄鳝、泥鳅，其视觉无关紧要，因此眼睛变得很小。

图 4 - 1　比目鱼的眼睛

图 4 - 2　弹涂鱼的眼睛

图 4 - 3　四眼鱼的眼睛

4.1.2　机器鱼眼的视觉感知

视觉不光对于鱼类来说是非常重要的，而且对于仿生机器人来说也是非常重要的，这就使得机器人的视觉感知能力成为科学家们研究的重点。在仿鱼机器人的视觉研究领域，人们首先关注的是环境图像的获取，即如何在不同的光线条件下获得清晰的图像，这样不仅可以使计算机更方便、更准确地处理环境图像以便从中获取重要的信息，而且还可以使控制、操纵仿鱼机器人的工作人员能够通过这些视觉图像信息更好地完成预定任务。利用这些图像信息，科学家们可以通过辨识其中的颜色、形状、尺寸等具体信息来确认水下是否存在特殊的矿藏、物质和生物。

1.　水下图像获取设备

仿鱼机器人可以依据不同的工作环境安装不同类型的摄像头来获取水下的图像。在光线充足的真空层，摄像头无须辅助照明工具就可以获取清晰的水下图像，如图 4 - 4（a）所示；而在弱光层和无光层，摄像头则需要借助特殊的"手电筒"辅助照明才能够看清周围环境，如图 4 - 4（b）所示。由于水对光线的波长有极强的过滤作用，这种作用的大小还取决于水的性质情况。在浮游植物和颗粒物质较少的海洋水域，波长较短的蓝光可穿越的距离较远；而在浮游植物和颗粒物质较多的淡水水域，波长较长的红光可穿越的距离较远。所以，为了使摄像头可以看得更远，辅助照明灯的光源选择也是十分重要的。

（a）   （b）

图 4 – 4　水下摄像头

（a）无辅助照明功能的摄像头；（b）有辅助照明功能的摄像头

2. 图像信息的处理

在获取清晰的图像之后，还需要对图像进行必要的处理，以从中获得重要的信息。鱼儿可以通过视觉快速地确认周边环境中是否存在猎食者、食物、其他同类和隐蔽所等多种信息，但这种对多个目标物体快速而准确的识别能力目前对于仿鱼机器人来说，还是可望而不可及的。随着图像图形学、数字图像处理等方面的研究不断深入、不断发展，为提高仿鱼机器人的图像信息处理能力提出了很多好方法。下面给出颜色识别和形状识别的基本思路和简单例了，帮助青少年学生了解仿鱼机器人的"大脑"是如何对图像信息进行处理的。

3. 颜色识别

人们在调色板上采用不同剂量的红色、黄色、蓝色颜料可以调制出不同的颜色来，而摄像头采集到的颜色信号则刚好相反，它将图像中各点的颜色信号分解成红色、绿色和蓝色三部分，并利用这三种颜色不同比例的组合来表示该点的颜色。由于不同的颜色其红色、蓝色和绿色信号所占比例各不相同，依据各种颜色的独特组成比例，就可以将图像中各种不同颜色区分开来，如图 4 – 5 所示，图 4 – 5（b）是对图 4 – 5（a）进行识别处理后将圆盘提取出来的结果。

4. 形状的识别

要获得图像中物体的形状，首先就要获取其边缘。图像中物体的边缘有着这样的特点，即物体边缘两侧的亮度变化很大，将图像中存在这种特征的点提取出来，就获得了图像中所有的物体边缘。如图 4-5 所示。其中，图 4-5（c）是对图 4-5（a）中各个物体边缘经过上述处理得到的结果。将前面的颜色特征与边缘提取结果综合考虑，就可以获得图 4-5（d）所示结果。

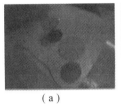 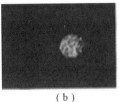 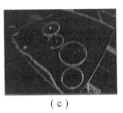 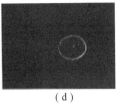
（a）　　　　　　　（b）　　　　　　　（c）　　　　　　　（d）

图 4-5　图像识别的简单例子

5. 图像的拼接

如果仿鱼机器人将获取的图像信息和自身位置信息结合起来，像"拼图"一样把这些照片拼接起来，就可以构建出一副完整的局部地图。如图 4-6 所示，通过拍摄一系列的水下图像，然后利用各个图像中某些相关特征将其组合在一起，形成一个大的图片，就可以得到一个比较完整的水下地貌特征。这样的一幅水下"地图"对于仿鱼机器人进行路径规划是非常有实用价值的。

图 4-6　水下拍摄图片的拼接组合

4.2　鱼儿的耳朵有秘密

4.2.1　鱼儿的耳朵

从外表看来，鱼儿好像没有耳朵。的确，很长时间里人们都认为鱼儿是什么都听不见的，但这是一种误解，与事实不符。鱼儿确实长有耳朵，而且多数鱼儿的听力都甚好。只是鱼儿不像人类一样长着外耳，因此看上去它们没有耳朵。人类头部两侧长着被称为耳朵的两块皮，它们只是有助于收集声音的外耳，人类耳朵里有鼓膜，声音进入耳朵能使鼓膜振动，这种振动传到耳朵内的听觉部分，人类就能听见声音了[118]。

鱼儿耳朵里面没有鼓膜，事实上多数鱼的耳朵不与外界相通，而是被保护在头部两侧的囊中，囊就位于眼睛的后面。

事实上，声音在水中传播要比在空气中传播容易得多。像其他动物一样，鱼儿的体内有大量的水，声音能直接穿过鱼的身体到达耳朵。许多种类的鱼儿还能采用一种特殊方式收集声音，这些鱼儿的耳朵与鳔相连，水中的声音使鳔壁产生振动，就像声音穿过空气使鼓膜振动一样，然后这种振动通常沿着与鳔相连的一串小骨头传到鱼儿的耳朵里。有些鱼儿不是依靠小骨头来传送振动，而是依靠从鳔延伸出的管状器官来做到这一点。

还须提及的是鱼类的听觉侧线系统，它由内耳和侧线组成。内耳主要对鱼体平衡位置的改变，以及对声音引起的压力波或水位移产生反应；而侧线主要对水流的机械刺激或水的位移产生反应。这种水的位移可以来源于水流、鱼类自身和其他动物的游泳以及声源。一般来说，鱼类的听觉要比视觉和嗅觉灵敏得多。鱼类的侧线可以感知身体周围近距离的缓慢流动和微弱振动，还能判断其方向和距离，从而使鱼感知潜在的食饵或敌害，顺应水流，维持在鱼群中的位置或回避障碍[119]。

4.2.2　机器鱼的姿态感知

模仿鱼类的听侧系统可以为仿鱼机器人安装类似功能的传感器，以便仿鱼机器人对环境进行感知。下面介绍一下仿鱼机器人通常使用的感知传感器。

1. 陀螺仪

对于仿鱼机器人来说，为了完成复杂的作业任务，其身体姿态的控制至关重要。而仿鱼机器人姿态控制的基础取决于对自身姿态的感知。没有身体姿态的具体信息，仿鱼机器人就无法知道自己的身体是前倾，还是后仰；是左偏，还是右斜。所以为了了解并确认自身的姿态，仿鱼机器人就必须安装"陀螺仪"来感知自身的姿态。以机械陀螺仪为例，它是利用高速旋转物体的旋转轴会一直指向同一方向这个原理来检测姿态变化的。许多青少年学生曾经玩过的"陀螺"也是利用这个原理制成的小玩具。当陀螺高速转动时，它会保持直立；而当陀螺的转速降低时，它就会左右摇摆，直到最终翻倒下来。

依据不同的原理和技术，人们还制造了许许多多不同类型的陀螺仪（见图4－7）。其中，图4－7（a）所示为采用激光加工技术制造的陀螺仪，图4－7（b）所示为采用微机电技术制造的微型陀螺仪。对于仿鱼机器人来说，有了陀螺仪的帮助，它们就能够保持或改变自身的姿态。

2. 人工侧线

鱼类的侧线既是一个非常复杂的系统，也是一个非常精妙的系统。对于仿鱼机器人来说，如果能够对其功能进行精确的模仿，将会极大增强其对外部环

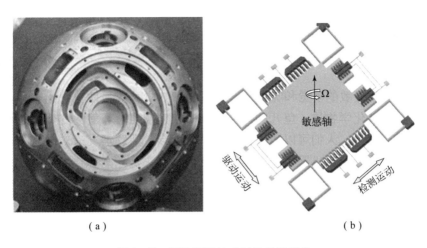

（a） （b）

图 4 - 7 两种不同技术制作的陀螺仪

境变化的感知能力。但这是一项十分困难、且充满挑战性的工作。美国的一些学者利用微机电技术模仿鱼类侧线的结构制作了一种人造侧线系统[120]。图 4 - 8 显示了该人造侧线系统的基本构架。在该系统中，外力使一个悬空的支撑架发生形变，而这个形变的大小可以由传感器检测出来并转换成相应的电信号。由于支撑架形变的大小与外力的大小有关，所以利用测量形变的大小可以通过计算获知外力的大小。

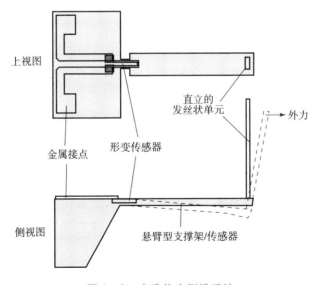

图 4 - 8 人造仿生侧线系统

4.3 我也有感觉

鱼儿有着灵敏的嗅觉和味觉，这种嗅觉和味觉可以帮助鱼儿极其准确地感觉水中微量的化学物质。鱼儿的这种特性对于人们监测环境的变化具有十分重要的作用。例如，人们可以通过观测鱼类的生存、活动情况来对某些水域进行水污染的监测。仿鱼机器人装上类似鱼类嗅觉和味觉功能的传感器，就可以对水质的多项化学指标进行检测，从而有助于人们开展水污染的预防和水质监控。

4.3.1 鱼类的嗅觉和味觉

鱼儿通过嗅觉和味觉从环境中获得重要的化学信息。一般而言，鱼类的嗅觉比味觉更为敏锐。嗅觉对于鱼儿寻找、发现食物起着很大作用，而味觉则对鱼儿的食性，以及鱼儿对食物的偏好起着重要作用。

除了摄食之外，鱼儿的嗅觉在其洄游定向以及逃避敌害方面也有着很大的作用。20 世纪 70 年代，一些科学家通过研究证实：溯河性蛙鱼在洄游中是利用嗅觉来实现定向的。一些鱼类可以识别潜伏猎食者的气味，受过凶猛鱼类袭击的一些鲤科鱼类，会记住猎食者的气味，当猎食者的气味再次出现时，这些鲤科鱼儿就会惊恐万状，立即躲藏起来。

4.3.2 仿鱼机器人用于化学物质感知

将仿鱼机器人用于对水域化学物质的感知具有许多好处，可以充分发挥仿鱼机器人的运动特性和感知能力来完成许多不同类型的监控、检测任务。通过对水质的检测，人们可以了解其是否适合饮用；通过检测还可以了解环境是否适于鱼类生存；检测、监控水域中污染物质的扩散，并及时给出预警信息，对于保障人类社会的生存环境十分有利；甚至在反恐防爆领域，也可以利用机器人搭载的化学传感器检测水下是否存在危险的爆炸物，等等。尤其是随着传感器技术和智能监测技术的发展，将使仿鱼机器人具备许多鱼类所没有的化学感知能力，感受鱼类所无法感知的某些化学物质，极大改善并提高人类在水环境探测方面的能力和水平。

1. 基于光纤的化学传感器

光纤化学传感器是指利用光纤波导性能构成的传感器，它们可以用来测定某些化学量，如 pH 值和化学物质的浓度等。它是由光源发出光线并通过光纤传播出去，因折射或反射而返回的光线经由光纤传递而被光学检测器获取。由于不同的物质会产生不同的光谱，所以通过对光谱的分析就可以获知环境中存在何种化学物质。图 4-9 所示为一种基于光纤技术制成的溶解氧化学传感器，它主要用于检测水中的氧气含量。水中的氧气含量对于水中生物的生存至关重要，也是检查水质污染情况的一个重要指标。

2. 基于离子选择电极的化学传感器

离子选择电极是一类利用膜电势测定溶液中离子的活度或浓度的电化学传感器，当它和含待测离子的溶液接触时，在它的敏感膜和溶液的相接触界面产生与该离子活度直接有关的膜电势[121]。离子选择电极上的膜电势是由电极膜表面的离子交换平衡产生的。将这种电极上产生的膜电势与标准浓度液体中电极上产生的膜电势进行比较就可以获知环境中的某种化学物质、离子浓度了。图 4-10 所示为一个用于测量 pH 值的离子选择电极化学传感器。

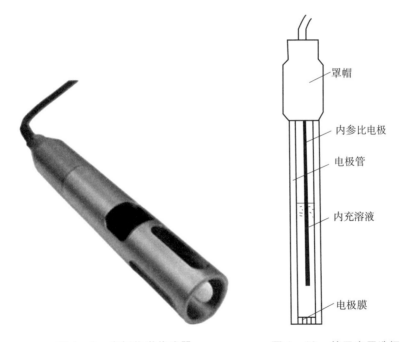

图 4-9 光纤化学传感器

图 4-10 基于离子选择
电极的化学传感器

3. 生物传感器

生物传感器是一种对生物物质敏感并将其浓度转换为电信号进行检测的仪器[122]。它是由固定化的生物敏感材料作识别元件（包括酶、抗体、抗原、微生物、细胞、组织、核酸等生物活性物质）、适当的理化换能器（如氧电极、光敏管、场效应管、压电晶体等）及信号放大装置所构成的分析工具或系统。生物传感器具有接收器与转换器的功能。对生物物质具有分子结构的选择功能是生物传感器的最大优点。

各种生物传感器具有以下共同的结构：包括一种或数种相关生物活性材料（生物膜）及能把生物活性表达的信号转换为电信号的物理或化学换能器（传感器），二者组合在一起，用现代微电子和自动化仪表技术进行生物信号的再加工，构成各种可以使用的生物传感器分析装置、仪器和系统。

4. 基于质量测量的声表面波化学传感器

图4-11所示为一种利用声波频率和物质质量之间的关系来测定化学物质浓度的传感器。该传感器的发射器可发出一定频率的声表面波信号，声表面波信号通过压电材料底层，被接收器接收到。当发射器和接收器之间的压电材料底层存在一定质量的化学物质时，声表面波频率就会发生变化，且频率的变化与化学物质的质量成正比。利用这个原理，并在压电材料底层上覆盖对某种化学物质具有吸收作用的材料，就可以制成化学传感器来感知并估计环境中某种化学物质的浓度了。

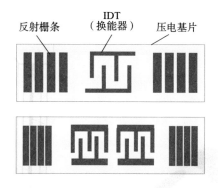

图4-11 基于质量测量的声表面
波化学传感器

在化学传感器的帮助下，仿鱼机器人就可以感知环境中不同的化学物质并对其浓度进行检测，从而在环境污染、生物追踪等监控任务中发挥重要作用。

第 5 章

快把我制作出来吧

5.1 仿鱼机器人的设计工具

5.1.1 三维实体造型设计的基本内容

三维实体造型是计算机图形学中一种非常复杂、非常系统、非常普及、非常实用的技术。目前，三维实体造型与建模的方法共有 5 种，即：线框造型、曲面造型、实体造型、特征造型和分维造型。在实体造型与建模中，人们迫切希望了解和掌握有关实体的更多几何信息，这就使得剖分实体成为一种可贵的功能，人们期望能借此观看和认知实体的内部形状和相关信息。

与线框模型和曲面模型相比，实体模型是最为完善、最为直观的一种几何模型。采用这种模型，人们可以从计算机辅助设计产品（CAD）系统中得到工程应用所需要的各种信息，并将其用于数控编程、空气动力学分析、有限元分析等。实体建模的方法包括边框描述、创建实体几何形状、截面扫描、放样和旋转等。

5.1.2 三维实体造型的基本软件

1. 软件简介

SOLIDWORKS 是美国 SOLIDWORKS 公司开发的一种计算机辅助设计产品[123-124]，是实行数字化设计的造型软件（见图 5-1），在国际上有着良好的声誉并得到广泛的应用。SOLIDWORKS 软件是世界上第一个基于 Windows 开发的三维 CAD 系统，由于技术创新符合 CAD 技术的发展潮流，该系统在 1995—1999 年获得全球微机平台 CAD 系统评比第一名。从 1995 年至今，它已经累计获得 17 项国际大奖，其中仅从 1999 年起，美国权威的 CAD 专业杂志 CADENCE 连续 4 年授予 SOLIDWORKS 最佳编辑奖，以表彰 SOLIDWORKS 的创新、活力和简明。至此，SOLIDWORKS 所遵循的易用、稳定和创新三大原则得到了全面的落实和证明。

图 5-1 SOLIDWORKS 界面

由于使用了 Windows OLE 技术、直观式设计技术、先进的 parasolid 内核（由剑桥提供）以及良好的与第三方软件的集成技术，SOLIDWORKS 成为全球装机量最大、最好用的软件。资料显示，目前全球发放的 SOLIDWORKS 软件使用许可约 28 万，涉及航空航天、机车、食品、机械、国防、交通、模具、电子通信、医疗器械、娱乐工业、日用品/消费品、离散制造等分布于全球 100 多个国家的约 3 万 1 千家企业。在教育市场上，每年来自全球 4300 所教育机构的近 145，000 名学生通过了 SOLIDWORKS 的培训课程。据世界上著名的人才网站检索，与其他 3D-CAD 系统相比，与 SOLIDWORKS 相关的招聘广告比其他软件的总和还要多，这比较客观地说明了为什么越来越多的工程师使用

SOLIDWORKS，越来越多的企业雇佣 SOLIDWORKS 人才。据统计，全世界用户每年使用 SOLIDWORKS 的时间已达 5500 万小时。

　　SOLIDWORKS 具有非常开放的系统，添加各种插件后，可实现产品的三维建模、装配校验、运动仿真、有限元分析、加工仿真、数控加工及加工工艺的制定，以保证产品从设计、工程分析、工艺分析、加工模拟、产品制造过程中的数据的一致性，从而真正实现了产品的数字化设计与制造，大幅度提高了产品的设计效率和质量[125]。

　　SOLIDWORKS 是在 Windows 环境下进行机械设计的软件，它基于特征、参数化进行实体造型，是一个以设计功能为主的 CAD/CAE/CAM 软件，具有人性化的操作界面，具备功能齐全、性能稳定、使用简单、操作方便等特点，同时 SOLIDWORKS 还提供了二次开发的环境和开放的数据结构[126]。

　　2. 软件特点

　　SOLIDWORKS 软件具有功能强大、易学易用和技术创新三大特点，这使得 SOLIDWORKS 成为领先的、主流的三维 CAD 解决方案[127]。SOLIDWORKS 能够提供不同的设计方案、减少设计过程中的错误以及提高产品质量。它不仅提供了如此强大的功能，而且对每个工程师和设计者来说，它的操作简单方便、易学易用。

　　对于熟悉微软 Windows 系统的用户来说，基本上可以非常顺利地利用 SOLIDWORKS 来搞设计。SOLIDWORKS 独有的拖拽功能使用户能够在较短的时间内完成大型的装配设计[128]。SOLIDWORKS 资源管理器具有同 Windows 资源管理器一样的 CAD 文件管理器，用它可以十分方便地管理 CAD 文件。使用 SOLIDWORKS，用户能在较短的时间内完成更多的工作，能够更快地将高质量的产品投放市场。

　　在目前市场上所见到的三维 CAD 解决方案中，SOLIDWORKS 是设计过程简单而方便的软件之一。美国著名咨询公司 Daratech 评论说："在基于 Windows 平台的三维 CAD 软件中，SOLIDWORKS 是最著名的品牌，是市场快速增长的领导者。"

　　在强大的设计功能和易学易用的操作（包括 Windows 风格的拖/放、点/击、剪切/粘贴）协同下，使用 SOLIDWORKS，整个产品设计是可百分之百可编辑的，零件设计、装配设计和工程图之间是完全相关的，这就给使用者带来了极大的便利[129]。

　　3. 主要模块

　　（1）零件建模。

　　①SOLIDWORKS 提供了无与伦比的、基于特征的实体建模功能。通过拉伸、旋转、薄壁特征、高级抽壳、特征阵列以及打孔等操作来实现产品的

设计。

②通过对特征和草图的动态修改，用拖拽的方式实现实时的设计修改。

③三维草图功能为扫描、放样生成三维草图路径，或为管道、电缆、线和管线生成路径。

（2）曲面建模。

通过带控制线的扫描、放样、填充以及拖动可控制的相切操作产生复杂的曲面，可以非常直观地对曲面进行修剪、延伸、倒角和缝合等曲面操作。

（3）钣金设计。

SOLIDWORKS 提供了顶尖的、全相关的钣金设计能力。可以让客户直接使用各种类型的法兰、薄片等特征，使正交切除、角处理以及边线切口等钣金操作变得非常容易。尤其是 SOLIDWORKS 的 API 可为用户提供自由的、开放的、功能完整的开发工具。

开发工具包括 Microsoft Visual Basic for Applications（VBA）、Visual C++，以及其他支持 OLE 的开发程序。

（4）帮助文件。

SOLIDWORKS 配有一套强大的、基于 HTML 的全中文帮助文件系统。其中包括超级文本链接、动画示教、在线教程，以及设计向导和术语。

（5）高级渲染。

与 SOLIDWORKS 完全集成的高级渲染软件能够有效地展示概念设计，减少样机的制作费用，快速地将产品投放入市场。PhotoWorks 可为用户提供方便易用的、优良品质的渲染功能[130]。图 5-2 所示案例展现了 SOLIDWORKS 的高级渲染效果。

图 5-2　渲染效果图

任何熟悉微软 Windows 的人都能用 PhotoWorks 非常快速地将 SOLIDWORKS 的零件和装配体渲染成漂亮的图片。

用 PhotoWorks 的菜单和工具栏中的命令，可以十分容易地产生高品质的三维模型图片。PhotoWorks 软件中包括一个巨大的材质库和纹理库，用户可以自定义灯光、阴影、背景、景观等选项，为 SOLIDWORKS 零件和装配体选择好合适的材料属性，而且在渲染之前可以预览，设定好灯光和背景选项，随后就可以生成一系列用于日后交流的品质图片文件。

（6）特征识别。

与 SOLIDWORKS 完全集成的特征识别软件 FeatureWorks 是第一个为 CAD 用户设计的特征识别软件，它可与其他 CAD 系统共享三维模型，充分利用原有的设计数据，更快地将向 SOLIDWORKS 系统过渡[131]。

FeatureWorks 同 SOLIDWORKS 可以完全集成。当引入其他 CAD 软件设计的三维模型时，FeatureWorks 能够重新生成新的模型，引进新的设计思路[132]。FeatureWorks 还可对静态的转换文件进行智能化处理，获取有用的信息，减少了重建模型时间。

FeatureWorks 最适合识别带有长方形、圆锥形、圆柱形的零件和钣金零件，还提供了崭新的灵活功能，包括在任何时间按任意顺序交互式操作以及自动进行特征识别。此外，FeatureWorks 也提供了在新的特征树内进行再识别和组合多个特征的能力，新增功能还包含识别拔模特征和筋特征的能力。

5.1.3　三维实体造型设计的基本步骤

由于 SOLIDWORKS 优点突出、使用方便，本书将以其为应用工具，进行文中所述仿鱼机器人的三维实体造型设计。

5.1.3.1　使用教程

1. 启动 SOLIDWORKS 和界面简介

成功安装 SOLIDWORKS 以后，在 Windows 操作环境下，选择【开始】→【程序】→【SOLIDWORKS 2016】→【SOLIDWORKS 2016】命令，或者在桌面双击 SOLIDWORKS 2016 的快捷方式图标，就可以启动 SOLIDWORKS 2016（见图 5 - 3），也可以直接双击打开已经做好的 SOLIDWORKS 文件，启动 SOLID-WORKS 2016。

图 5 - 3 所示界面只显示了几个下拉菜单和标准工具栏，选择下拉菜单【文件】→【新建】命令，或单击标准工具栏中按钮，出现"新建 SOLIDWORKS 文件"对话框，这里提供了类文件模板，每类模板有零件、装配体和工程图三种文件类型，用户可以根据自己的需要选择一种类型进行操作。这里先选择零件，单击【确定】按钮，则出现图 5 - 4 所示的新建 SOLIDWORKS 零件界面。

图 5 - 4 里有下拉菜单和工具栏，整个界面分成两个区域，一个是控制区，另一个是图形区。在控制区有三个管理器，分别是特征设计树、属性管理器和组态管理器，可以进行编辑。在图形区显示造型，进行选择对象和绘制图形。

图 5 - 3　SOLIDWORKS 启动界面

特别是下拉菜单几乎包括了 **SOLIDWORKS 2016** 所有的命令，在常用工具栏中没有显示的那些不常用的命令，可以在菜单里找到；常用工具栏的命令按钮可以由用户自己根据实际使用情况确定。图形区的视图选择按钮是 **SOLIDWORKS 2016** 新增功能，单击倒三角按钮，可以选择不同的视图显示方式。

图 5 - 4　零件界面

　　用户单击【文件】→【保存】命令，或单击标准工具栏中按钮，则会出现"另存为"对话框，如图 5 - 5 所示。这时，用户就可以自己选择保存文件的类型进行保存。如果想把文件换成其他类型，只需单击【文件】→【另存为】命令，随后在出现的"另存为"对话框中选择新的文件类型进行保存。

图 5－5　另存为对话框

2. 快捷键和快捷菜单

使用快捷键、快捷菜单及鼠标按键功能是提高作图速度和准确性的重要方式，在 Windows 操作里面有很多时候都会使用它们，这里主要介绍 SOLID-WORKS 快捷命令的使用和鼠标的特殊用法。

（1）快捷键。

SOLIDWORKS 里面快捷键的使用和 Windows 里面快捷键的使用基本上一样，用 Ctrl + 字母，就可以进行快捷操作。

（2）快捷菜单。

在没有执行命令时，常用快捷菜单有四种：一种在图形区里，一种在零件特征表面上，一个在特征设计树里，还有一种在工具栏里。单击右键后就出现如图 5－6 所示的快捷菜单。在有命令执行时，单击不同的位置，也会出现不同的快捷菜单，用户可以自己在实践中慢慢体会。

（3）鼠标按键功能。

左键：可以选择功能选项或者操作对象。

右键：显示快捷菜单。

中键：只能在图形区使用，一般用于旋转、平移和缩放。在零件图和装配体的环境下，按住鼠标中键不放，移动鼠标就可以实现旋转；在零件图和装配体的环

图 5－6　快捷菜单

境下，先按住 Ctrl 键，然后按住鼠标中键不放，移动鼠标就可以实现图形平移；

在工程图的环境下，按住鼠标的中键，就可以实现图形平移；先按住 Shift 键，然后按住鼠标中键移动鼠标就可以实现缩放；如果是带滚轮的鼠标，直接转动滚轮就可以实现缩放。

3. 模块简介

在 SOLIDWORKS 里有零件建模、装配体、工程图等基本模块，因为 SOLIDWORKS 是一套基于特征的、参数化的三维设计软件，符合工程设计思维，并可以与 CAMWorks 及 DesignWorks；等模块构成一套设计与制造结合的 CAD/CAM/CAE 系统，使用它可以提高设计精度和设计效率；也可以用插件形式加进其他专业模块（如工业设计、模具设计、管路设计等）。

特征是指可以用参数驱动的实体模型，是一个实体或者零件的具体构成之一，对应着某一形状，具有工程上的意义；因此这里讲的基于特征就是指零件模型是由各种特征生成的，零件的设计其实就是各种特征的叠加。

参数化是指对零件上各种特征分别进行各种约束，各个特征的形状和尺寸大小用变量参数来表示，其变量可以是常数，也可以是代数式；若一个特征的变量参数发生了变化，则该零件的这一个特征的几何形状或者尺寸大小都将发生变化，与这个参数有关的内容都会自动改变，而用户不需要自己修改。

下面介绍一下零件建模、装配体、工程图等基本模块的特点。

（1）零件建模。

SOLIDWORKS 提供了基于特征的、参数化的实体建模功能，可以通过特征工具进行拉伸、旋转、抽壳、阵列、拉伸切除、扫描、扫描切除、放样等操作以完成零件的建模。建模后的零件，可以生成零件的工程图，还可以插入装配体中形成装配关系，并且还能生成数控代码，直接进行零件加工。

（2）装配体。

在 SOLIDWORKS 中自上而下地生成新零件时，要参考其他零件并保持参数关系。在装配环境里，可以十分方便地设计和修改零部件。在自下而上的设计中，可利用已有的三维零件模型，将两个或者多个零件按照一定的约束关系进行组装，形成产品的虚拟装配，还可以进行运动分析、干涉检查等，因此可以形成产品的真实效果图。

（3）工程图。

利用零件及其装配实体模型，可以自动生成零件及装配的工程图，需要指定模型的投影方向或者剖切位置等，就可以得到所需要的图形，而且工程图是全相关的。当修改图纸的尺寸时，零件模型、各个视图、装配体都会自动更新。

4. 常用工具栏简介

SOLIDWORKS 中有丰富的工具栏，在这里，只是根据不同的类别，简要介绍一下常用工具栏里面的常用命令功能。在下拉菜单中选择【工具】→【自定义】命令，或者右键单击工具栏出现的快捷菜单中的【自定义】命令，就会出现一个"自定义"的对话框如图 5 - 7 所示，接下来就可按图进行操作。

图 5 - 7　自定义对话框

5.1.3.2　采用 SOLIDWORKS 进行三维实体造型的具体步骤

1. 草图的绘制

草图是三维实体造型设计的基础，不论采用哪一种建模方式，草图都是实现模型结构从无到有迈出的第一步。但在三维实体造型设计系统中，草图的作用与地位发生了一些变化，其中心思想是人们的设计意图应采用三维实体来表达，这与以前人们只是写写画画、用简单的线条和潦草的图形来作为草图使用的概念不同。草图作为实体建模的基础，编辑其中的管理特征比管理草图效率高。所以在三维实体造型设计中，认真完成草图的绘制十分重要。需要指出的是，在绘制草图过程中应注意以下原则：

（1）根据建立特征的不同以及特征间的相互关系，确定草图的绘图平面和基本形状；

（2）零件的第一幅草图应该根据原点定位，以确定特征在空间的位置；

（3）每一幅草图应尽量简单，不要包含复杂的嵌套，这样有利于草图的管理和特征的修改；

（4）要非常清楚草图平面的位置，一般情况下可使用"正视于"命令，使草图平面和屏幕平行；

（5）复杂的草图轮廓一般应用于二维草图到三维模型的转化操作，正规的建模过程中最好不要使用复杂的草图；

（6）尽管 SOLIDWORKS 不要求完全定义的草图，但在绘制草图的过程中最好使用完全定义的。合理标注尺寸以及正确添加几何关系，能够真实反映出设计者的思维方式和设计能力；

（7）任何草图在绘制时只需要绘制大概形状以及位置关系，要利用几何关系和尺寸标注来确定几何体的大小和位置，这样有利于提高工作效率；

（8）绘制实体时要注意 SOLIDWORKS 的系统反馈和推理线，可以在绘制过程中确定实体间的关系。在特定的反馈状态下，系统会自动添加草图元素间的几何关系；

（9）首先确定草图各元素间的几何关系，其次是确定位置关系和定位尺寸，最后标注草图的形状尺寸；

（10）中心线（构造线）不参与特征的生成，只起着辅助作用。因此，必要时可使用构造线定位或标注尺寸；

（11）小尺寸几何体应使用夸张画法，标注完尺寸后改成正确的尺寸。

在遵循以上原则的条件下，用户可开始进行草图绘制。首先单击草图绘制工具上的草图命令，或者单击草图绘制工具栏上的草图绘制，或者单击菜单栏，然后选择草图绘制，其步骤如图 5－8 所示。

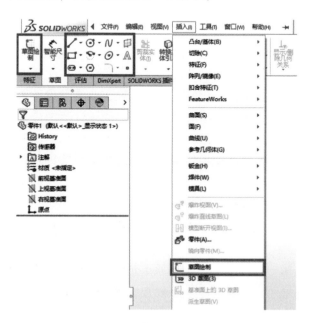

图 5－8　草图绘制界面图

接下来选择所显示的三个基准面上的任意一个基准面，然后在该基准面上单击绘制草图，被选中的基准面会高亮显示，如图 5 - 9 所示。

选中基准面以后，使用草图实体工具绘制草图，或者在草图绘制工具栏上选择一工具，然后生成草图。这里选择了草图工具为圆命令，再在基准面上绘制一个圆，如图 5 - 10 所示。

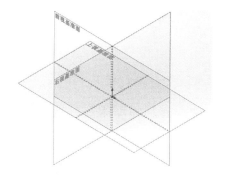

图 5 - 9　选择草图绘制基准面

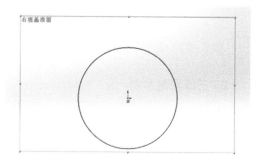

图 5 - 10　采用画圆命令在基准面作图

绘制好草图轮廓后，可给图形标注尺寸。标注尺寸的数字可以进行修改，图形会根据修改尺寸变大或变小。如果不需要修改则直接单击确定即可。草图尺寸标注界面如图 5 - 11 和图 5 - 12 所示。

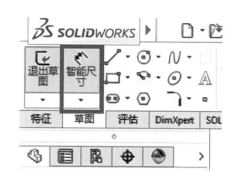

图 5 - 11　草图尺寸标注界面 1

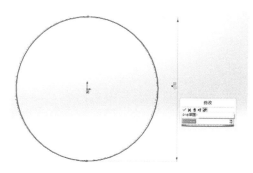

图 5 - 12　草图尺寸标注界面 2

单击图 5 - 12 中右上角的退出草图图标，或单击特征工具栏上的拉伸凸台或者旋转凸台命令，就可以退出草图编辑状态，如图 5 - 13 所示。

如果要在已有实体表面进行草图绘制，只需右键选择实体的某个平面，再选择创建草图即可，其情形如图 5 - 14 所示。

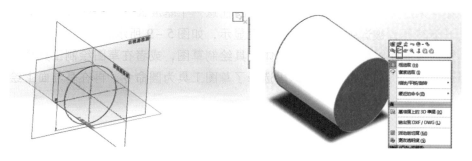

图 5-13　退出草图编辑状态界面图　　　图 5-14　实体表面进行草图绘制界面图

2. 三维图的绘制

在草图绘制完毕后，可进行三维图形的绘制。常用的方法有拉伸、旋转等，具体步骤如下：

（1）建立零件图。在前视基准面上创建直径为 40 mm 的圆形草图，如图 5-15 所示。

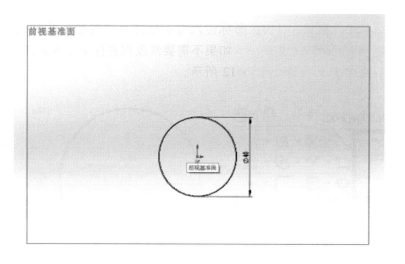

5-15　在前视基准面上创建圆形

（2）退出草图绘制界面，在特征选项栏里选择拉伸凸台/基体，长度设为 20 mm。选择绿色 √，然后退出拉伸。其步骤与结果如图 5-16 所示。

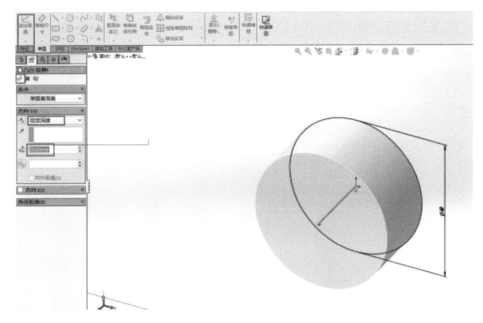

图 5 – 16   拉伸界面图

（3）在拉伸得到的基体的一面选择创建新草图。可以按组合快捷键 Ctrl +
L 显示前视图。其情形如图 5 – 17 所示。

（4）在新创建的草图上绘制直径分别为 30 mm 和 20 mm 的同心圆，其情
形如图 5 – 18 所示。

图 5 – 17   创建新草图界面图

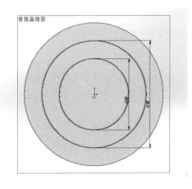

图 5 – 18   绘制同心圆界面图

（5）退出草图，选择拉伸凸台/基体，在拉伸截面中选择圆环部分，设定
拉伸长度为 40 mm，选择绿色 √，然后退出拉伸。所得拉伸结果如图 5 – 19
所示。

（6）将所得绘图结果更名为底座进行保存。

3. 装配图的绘制

装配图由多个零件或部件按一定的配合关系组合而成。本例展示如何使用配合关系完成多个零件装配图的绘制。

（1）首先新建零件，改名为轴。在前视图中创建草图，绘制直径为 20 mm 的圆，然后拉伸 100 mm。所得结果如图 5－20 所示。

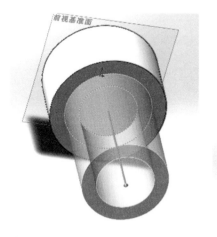

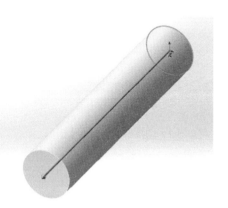

图 5－19　拉伸效果图　　　　　　图 5－20　轴的绘制效果

（2）新建装配体，导入轴与上例中的底座，其操作步骤与相关界面如图 5－21 和图 5－22 所示。

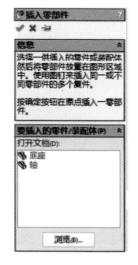

图 5－21　新建装配体界面图　　　　图 5－22　导入零件

界面图

（3）接下来将导入的轴与底座对应的孔进行配合。为了更加清楚地表示两者的配合关系，可将轴与底座设为不同的颜色，其结果如图 5 – 23 所示。

（4）依次选择轴的外圆柱面和底座孔的内圆柱面，再选择标准配合中的同轴心，然后选择配合。操作界面如图 5 – 24 所示。图 5 – 25 表示了轴与底座的配合效果。

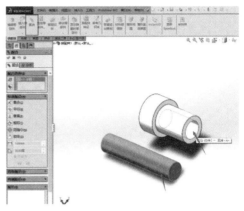

图 5 – 23　轴与底座设为不同颜色效果图　　　图 5 – 24　轴与底座配合操作界面图

（5）利用鼠标拖拽轴使其退出配合孔，准备将轴与底座进行重新配合，以保证轴的底端不伸出底座的下端面，避免发生干涉现象。上述操作的结果如图 5 – 26 所示。

图 5 – 25　轴与底座配合效果图　　　　图 5 – 26　轴退出配合孔情形图

（6）选择底座通孔的下端面，再选择轴的底面，选择重合配合。此处可以用鼠标滚轮进行视图调节以便观察。具体操作步骤与装配效果分别如图 5 – 27 和图 5 – 28 所示。

图 5-27　轴与底座重新装配操作过程界面图

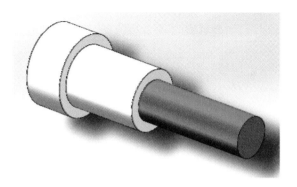

图 5-28　轴与底座重新装配效果图

至此就形成了一个简单、但却完整的装配体。

4. 生成二维切割图纸

将上述三维实体造型设计的结果采用 SOLIDWORKS 中的相应功能模块生成二维切割图纸，其目的是将所设计的零件直接利用激光切割机进行加工，或为人工手动切割提供加工依据，其格式为 . dwg 文件。在生成二维切割图纸时需要在文档中绘制待切割的图形，并进行合理布局，优化切割方案，防止浪费材料。

5.2　仿鱼机器人的制作材料

5.2.1　塑料类材料

1. 亚克力简介

在制作仿鱼机器人时，常用亚克力板作为主体结构材料。亚克力由英文 Acrylic 音译而来，是 Acrylic 丙烯酸类和甲基丙烯酸类化学品的通称，又名有机玻璃，具有非常高的透明度，透光率可达 92%，有"塑胶水晶"之美誉（见图 5 - 29）[133]。

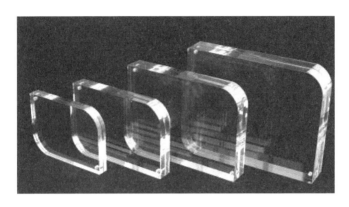

图 5 - 29　透明亚克力板材

用亚克力制作的灯箱具有透光性能好、颜色纯正、色彩丰富、美观平整、兼顾白天夜晚两种效果、使用寿命长、不影响使用等特点。此外，亚克力板材与铝塑板型材、高级丝网印刷等可以完美结合，满足人们的不同需求。亚克力原材料一般以颗粒、板材、管材等形式出现，亚克力板由甲基烯酸甲酯单体（MMA）聚合而成[134]。亚克力的研究开发距今已有一百多年的历史。1872 年丙烯酸的聚合性为人发现；1880 年甲基丙烯酸的聚合性为人知晓；1901 年丙烯聚丙酸酯的合成法研究完成；1927 年运用前述合成法尝试工业化制造；1937 年甲基酸酯工业制造开发成功，由此进入规模性制造。第二次世界大战期间，因亚克力具有优异的强韧性及透光性，首先被用来做飞机的挡风玻璃和坦克驾驶员的视野镜。1948 年世界第一只亚克力浴缸诞生，标志着亚克力的应用进入了新时代。图 5 - 29 所示为常见的亚克力板材。亚克力具有极佳的耐候性，尤其适用于室外，居其他塑胶之冠。亚克力还兼具良好的表面硬度与光泽，其加工可塑性很大，可制成各种形状的产品。另外，亚克力种类繁多、色彩丰富（含半透明的色板），且即便是很厚的板材仍能维持高透明度，使人心生好感。

2. 亚克力的分类

（1）亚克力浇铸板。这种板材分子量高，具有出色的刚度、强度及优异的抗化学品性能，其特点是小批量加工，在颜色体系和表面纹理效果方面有无法比拟的灵活性，且产品规格齐全，适用于各种特殊用途。

（2）亚克力挤出板。这种板材与浇铸板相比，分子量较低，机械性能稍弱。然而这一特点却有利于折弯和热成型加工，在处理尺寸较大的板材时，有利于快速真空吸塑成型。同时,挤出板的厚度公差比浇铸板小。由于挤出板是大批量自动化生产,颜色和规格不便调整,所以产品规格的多样性受到一定的限制。

国内在用的亚克力板主要有进口板、台资板和国产板[135]。它们的区别在于所采用原材料的产地和 MMA 的纯度上。这也是决定板材质量与价位的关键。

进口板主要有日本的三菱和德国的德固赛两种品牌。

台资板是指采用英国璐彩特的 MMA 原材料与台湾地区的技术、工艺制成的板材。生产台资板的模具大部分是英国和德国制造的。生产出的亚克力板色泽匀、无水痕、薄厚度误差小;市场上常见的台资板有华帅特、瑞昌、申美、千色、大崎锦等品牌,其中华帅特在市场上认可度较高,市场价格在 26~28 元/kg(价格随石油售价的升降而浮动);还有一部分品牌如汤臣、创亚、绿川、新顺等,也都是台资板,但采用的原材料是 MMA 的新料,品质也不错。市场价格 20~24 元/kg。

国产板是指生产板材所用的原材料要么是国产的,要么是各种亚克力板的回收料(PMMA)进行二次加工生成的。缺点是表面水痕明显、薄厚不匀、容易泛黄,不适于吸塑成型,只适用于雕刻。优点是售价较低。

3. 亚克力的特点

(1)耐候及耐酸碱性能好,不会因长年累月的日晒雨淋,而产生泛黄及水解现象[136]。

(2)寿命长,与其他材料制品相比,寿命长达三年以上。

(3)透光性佳,可达 92% 以上,所需的灯光强度较小,节省电能。

(4)抗冲击力强,是普通玻璃的 16 倍,适合安装在特别需要安全的地方。

(5)绝缘性能优良,适合各种电器设备。

(6)自重轻,比普通玻璃轻一半,建筑物及支架承受的负荷小。

(7)色彩艳丽,亮度高,其他材料难以媲美。

(8)可塑性强,造型变化大,容易加工成型。

(9)可回收率高,为日渐加强的环保意识所认同。

(10)维护方便,易于清洁,雨水可自然清洁,平时用肥皂水和软布擦洗即可。

4. 亚克力的用途

PMMA 具有质轻、价廉,易于成型等优点。它的成型方法有浇铸成型、射出成型、机械加工成型、热成型等。尤其是射出成型,可以大批量生产,制作简单,成本低廉,在仪器仪表零件、汽车车灯、光学镜片、透明管道、广告宣传等领域得到了广泛应用(如图 5-30 所示)。

亚克力是继陶瓷之后能够制造卫生洁具的新型材料。与传统的陶瓷材料相比,亚克力除了无与伦比的高光亮度外,还具有韧性好、不易破损、修复性强等优点，只要用软泡沫蘸点牙膏就可以将亚克力洁具擦拭一新[137]；亚克力质地柔和，冬季摸起来没有冰凉刺骨之感，加上色彩鲜艳，可满足不同品位的个性追求。用亚克力制作台盆、浴缸、坐便器，不仅款式精美，经久耐用，而且具有环保作用，其辐射量与人体自身骨骼的辐射程度相差无几。

由于亚克力生产难度大、成本高，故当今市场上有不少质低价廉的代用品。这些代用品虽然也被称为"亚克力"，其实是普通有机板或复合板（又称夹心板）。普通有机板是用普通有机玻璃裂解料加色素浇铸而成的，表面硬度低，易褪色，用细砂纸打磨后抛光效果差。复合板只有表面很薄的一层亚克力，中间是 ABS 塑料，使用中受热胀冷缩的影响容易发生脱层现象。

市场上还有多种颜色的亚克力板材可供选择。图 5 – 31 展示了五彩缤纷的亚克力薄板。

图 5 – 30　亚克力板制品　　　　图 5 – 31　五彩缤纷的亚克力板材

5.2.2　木材类材料

1. 胶合板简介

在制作仿鱼机器人的木材类材料中，胶合板是最常用的，因此本书也将对其进行系统介绍。胶合板是由木段旋切成单板或由木方刨切成薄木，再用胶黏剂胶合而成的三层或多层的板状材料，通常用奇数层单板，并使相邻层单板的纤维方向互相垂直胶合而成[138]。

胶合板是家具常用材料之一，为人造三大板之一，亦可供飞机、船舶、火车、汽车、建筑和包装箱等使用。一组单板通常按相邻层木纹方向互相垂直组坯胶合而成，通常其表板和内层板对称地配置在中心层或板芯的两侧。用涂胶后的单板按木纹方向纵横交错配成的板坯，在加热或不加热的条件下压制而成[139]。胶合板的层数一般为奇数，少数也有偶数。纵横方向的物理、机械性质差异较小。常用的胶合板类型有三合板、五合板等。胶合板能提高木材的利用率，是节约木材的一个主要途径。

通常的长宽规格是：1220 mm×2440 mm，而厚度规格则一般有 3、5、9、12、15、18 mm 等。主要树种有榉木、山樟、柳桉、杨木、桉木等。

2. 胶合板的种类

为了充分合理地利用森林资源发展胶合板生产，做到材尽其用，我国新制定的国家标准（报批草案）根据胶合板的使用情况，将胶合板分为涂饰用胶合板（用于表面需要涂饰透明涂料的家具、缝纫机台板和各种电器外壳等制品）、装修用胶合板（用作建筑、家具、车辆和船舶的装修材料），一般用胶合板（适用于包装、垫衬及其他方面用途）和薄木装饰用胶合板（用作建筑、家具、车辆、船舶等的高级装饰材料），胶合板的种类根据胶合强度又分为：

Ⅰ类（NQF）：耐气候、耐沸水胶合板。这类胶合板具有耐久、耐煮沸或蒸汽处理等性能，能在室外使用[140]。

Ⅱ类（Ns）：耐水胶合板。它能经受冷水或短期热水的浸渍，但不耐煮沸。

Ⅲ类（Nc）：不耐潮胶合板。

3. 胶合板的历史

1812 年，法国机工获得了第 1 台单板锯机的专利。但直到 1825 年，这种单板锯机尚不能在工业生产中应用，此后在德国汉堡得到改进和制造[141]。第 1 台单板刨切机是法国人 Charles Picot 研制的，于 1834 年获得专利，经过近 30 年时间才真正用于工业化生产。胶合板工业的发展得益于单板旋切机的发明和应用。19 世纪中叶，德国建立了第 1 家单板制造工厂，该工厂装备的旋切机大多是法国生产的，同时还进口了一些美国制造的旋切机。1870 年后，德国柏林 A. Roller 公司曾生产过比较简单的旋切机。在第一次世界大战前，由于旋切机技术的不断进步，促使胶合板工业迅速发展。在美国，直到第一次世界大战时，胶合板才成为一种正式商品名称。

4. 机器人选用的三合板

三合板（见图 5 - 32）是制作仿鱼机器人的常用材料，它是最常见的一种胶合板，是通过将三层 1 mm 左右的实木单板或薄板按不同纹理方向采用胶贴热压制成的。早先，英国科学家用三合板制作轻型飞机，后来三合板在工业领域获得了广泛应用。现在的三合板具有结构强度高、隔热保

图 5 - 32　三合板

温、抗弯抗压、稳定性和密封性好等优点，在现代社会的许多方面发挥着巨大的作用。

需要注意的是，三合板有正反面的区别。挑选时，要挑选那些木纹清晰、正面光洁平滑、不毛糙刺手的三合板，尤其是不应有破损、碰伤、硬伤、疤节等疵点，切割面无脱胶现象。选择时要注意夹板拼缝处应严密，可用手敲击三合板的各个部位，若声音发脆，证明质量良好；若声音发闷，则表示胶合板已出现散胶现象，就不能用来制作仿鱼机器人了。

由于在制作胶合板时要用到含有甲醛的黏合剂，所以用三合板做机器人零件时会释放出甲醛。因此在使用胶合板制作的零件时要注意通风换气，注意保护身体健康。

5.3 我的维护医生：制作工具

工具意指人们工作时所需用的器具。"工欲善其事，必先利其器"，好的工具能够帮助人们更好地开展工作，提高工作效率，改善工作品质，所以人们在开展各种活动时都会选择合适的工具。其实，除了人类善于使用各类工具以外，自然界中动物使用工具的例子也比比皆是，如秃鹫常会利用一块石头把厚厚的鸵鸟蛋壳砸碎，以便能够吃到里面的美味；加拉帕戈斯群岛的啄木雀能使用一根小棍或仙人掌刺把藏在树皮下或树洞里的昆虫取出来饱餐一顿[142]；缝叶莺能把长在树上的一片大树叶折叠起来，再用植物纤维把叶的边缘缝合在一起，建成一个舒适的鸟巢；射水鱼看到停落在水面植物上的昆虫时，便会准确地射出一股强大的水流，把昆虫击落在水面并将其吞食。哺乳动物使用工具的一个著名事例是海獭利用石块砸碎软体动物的贝壳；黑猩猩既会用棍挖取地下可食的植物和白蚁，也会用木棍撬开纸箱拿取香蕉，还会把几只箱子叠在一起拿取悬挂在天花板上的食物。动物们使用工具的本领既有先天的本能因素，又有后天的学习因素，但在大多数情况下是通过学习而获得的。

既然动物们都能通过学习逐步掌握使用工具的本领，那么作为"万物之灵"的人类来说，在制作仿鱼机器人时更要使用好相关的工具。

5.3.1 五金工具

在形形色色的工具中，五金工具是一个大类，图 5 – 33 展示了其中的一小部分。所谓五金工具是指铁、钢、铝、铜等金属经过锻造、压延、切割等物理加工制造而成的各种金属工具的总称[143]。五金工具按照产品的用途来划分，可以分为工具五金、建筑五金、日用五金、锁具磨具、厨卫五金、家居五金以及五金零部件等几类。

图 5 - 33　各种五金工具

　　五金工具中包括各种手动、电动、气动、切割工具、汽保工具、农用工具、起重工具、测量工具、工具机械、切削工具、工夹具、刀具、模具、刃具、砂轮、钻头、抛光机、工具配件、量具刃具和磨具磨料等。在小型仿人机器人的制作过程中，常用的五金工具有尖嘴钳、螺丝刀、电烙铁、美工刀等为数不多的几种，具体可见图 5 - 34、图 5 - 35、图 5 - 36 和图 5 - 37。在全球销售的五金工具中，绝大部分是我国生产出口的，中国已经成为世界主要的五金工具供应商。

图 5 - 34　尖嘴钳

图 5 - 35　螺丝刀

图 5 - 36　电烙铁

图 5 - 37　美工刀

在使用这些工具时一定要讲究方式方法，更要注意安全，防止造成伤害。

5.3.2 切割设备

在制作仿鱼机器人时，需要将三维实体造型设计的结果采用 SOLIDWORKS 中的相应功能模块生成二维切割图形，并按这些图形将所设计的零件一个个切割出来。除了人工手动切割以外，常用的切割设备为激光切割机（见图 5 - 38）。激光切割机是将从激光器发射出的激光，经光路系统聚焦成高功率密度的激光束，当激光束照射到被切割材料表面，使激光所照射的材料局部达到熔点或沸点，同时与光束同轴的高压气体将熔化或气化的材料碎末吹走[144]。随着光束与被切割材料相对位置的移动，最终使材料形成连续的切缝，从而达到切割图形的目的。

激光切割机采用激光束代替传统的切割刀具进行材料的切割加工，具有精度高、切割快、切口平滑、不受切割形状限制等优点，同时，它还能够自动排版，优化切割方案，达到节省材料、降低加工成本等目的，将逐渐改进或取代传统的金属切割工艺设备。

由于制作仿鱼机器人的材料大多选用亚克力板或三合板等非金属板材，所用激光切割设备的功率不需太大，可使用小型激光切割机（见图 5 - 39）。

图 5 - 38　激光切割机加工场景　　　图 5 - 39　小型激光切割机

图 5 - 39 所示的激光切割机在加工时其激光切割头的机械部分与被切割材料不发生接触，工作中不会对材料表面造成划伤，而且切割速度很快，切口非常光滑，一般不需后续加工；另外，由于该设备的功率不是很大，所以切割热影响区小、板材变形小、切缝窄（0.1～0.3 mm）、切口没有机械应力。相比其他切割设备，激光切割机加工材料时无剪切毛刺、加工精度高、重复性好、便于数控编程、可加工任意平面图形、可以对幅面很大的整板进行切割、无须开模具、经济省时，因而在制作仿鱼机器人时是一个很好的帮手。需要提醒的

是，激光设备的使用一定要严格按照说明书的要求进行，必须制定相应的安全操作规程，且一丝不苟地加以执行。

1. 激光切割简介

与传统的氧乙炔、等离子等切割工艺相比，激光切割具有速度快、切缝窄、热影响区小、切缝边缘垂直度好、切边光滑等优点，同时可进行激光切割的材料种类很多，包括碳钢、不锈钢、合金钢、木材、塑料、橡胶、布、石英、陶瓷、玻璃、复合材料，等等[145]。随着市场经济的飞速发展和科学技术的日新月异，激光切割技术已广泛应用于汽车、机械、电力、五金以及电器等领域。近年来，激光切割技术正以前所未有的速度发展，每年都有15%～20%的增长。我国自1985年以来，更是以每年近25%的速度发展。当前，我国激光切割技术的整体水平与先进国家相比还存在一定的差距，因此，激光切割技术在我国具有广阔的发展前景和巨大的应用空间。

激光切割机在切割过程中，光束经切割头的透镜聚焦成一个很小的焦点，使焦点处达到高的功率密度，其中切割头固定在 z 轴上。这时，光束输入的热量远远超过被材料反射、传导或扩散的部分热量，材料很快被加热到熔化与气化温度。与此同时，一股高速气流从同轴或非同轴侧将熔化及气化了的材料吹出，形成材料切割的孔洞。随着焦点与材料的相对运动，使孔洞形成连续的宽度很窄的切缝，完成材料的切割[146]。

2. 激光切割的工作原理

激光是一种光，与其他自然光一样，是由原子（分子或离子等）跃迁产生的。与普通光不同是激光仅在最初极短的时间内依赖于自发辐射，此后的过程完全由激辐射决定，因此激光具有非常纯正的颜色、几乎无发散的方向性、极高的发光强度和高相干性。

激光切割是应用激光聚焦后产生的高功率密度能量来实现的。在计算机控制下，通过脉冲使激光器放电，从而输出受控的重复高频率的脉冲激光，形成一定频率和一定脉宽的光束，该脉冲激光束经过光路传导及反射并通过聚焦透镜组聚焦在被加工物体的表面上，形成一个个细微的、高能量密度的光斑，光斑位于待加工材料面附近，以瞬间高温熔化或气化被加工材料[147]。每一个高能量的激光脉冲瞬间就把物体表面溅射出一个细小的孔，在计算机控制下，激光加工头与被加工材料按预先绘好的图形进行连续相对运动打点，这样就会把物体加工成想要的形状。

切缝时的工艺参数（切割速度、激光器功率、气体压力等）及运动轨迹均由数控系统控制，割缝处的熔渣被一定压力的辅助气体吹除[148]。

3. 激光切割的主要工艺

（1）气化切割。

在激光气化切割过程中，材料表面温度升至沸点温度的速度是如此之快，足以避免热传导造成的熔化，于是部分材料气化成蒸气消失，部分材料作为喷出物从切缝底部被辅助气流吹走。为了防止材料蒸气冷凝到割缝壁上，材料厚度一定不要大大超过激光光束的直径。

（2）熔化切割。

在激光熔化切割过程中，工件被局部熔化后借助气流把熔化的材料喷射出去。因为材料的转移只发生在其液态情况下，所以该过程被称作激光熔化切割。

激光光束配上高纯惰性切割气体促使熔化的材料离开割缝，而气体本身并不参与切割。激光熔化切割可以得到比气化切割更高的切割速度。气化所需的能量通常高于把材料熔化所需的能量。在激光熔化切割中，激光光束只被部分吸收。最大切割速度随着激光功率的增加而增加，随着板材厚度的增加和材料熔化温度的增加而几乎呈反比例地减小。

（3）氧化熔化切割（激光火焰切割）。

熔化切割一般使用惰性气体，如果代之以氧气或其他活性气体，材料在激光束的照射下被点燃，与氧气发生激烈的化学反应而产生另一热源，使材料进一步加热，称为氧化熔化切割。

由于此效应，对于相同厚度的结构钢，采用该方法可得到的切割速率比熔化切割要高。另一方面，该方法和熔化切割相比可能切口质量更差。实际上它可能会生成更宽的割缝、明显的粗糙度、更大的热影响区和更差的边缘质量。

（4）控制断裂切割。

对于容易受热破坏的脆性材料，通过激光束加热进行高速、可控的切断，称为控制断裂切割。这种切割的过程是：激光束加热脆性材料小块区域，引起该区域大的热梯度和严重的机械变形，导致材料形成裂缝。只要保持均衡的加热梯度，激光束可引导裂缝在任何需要的方向产生。

4. 激光切割的关键技术

激光切割技术有两种：一是采用脉冲激光进行切割，适用于金属材料；二是采用连续激光进行切割，适用于非金属材料，后者是激光切割技术的重要应用领域[149]。

激光切割机的几项关键技术是光、机、电一体化的综合技术。在激光切割机中激光束的参数、机器与数控系统的性能和精度都直接影响激光切割的效率和质量。特别是对于切割精度较高或厚度较大的零件，必须掌握和解决其中的关键技术。

5. 激光切割的加工质量

切割精度是判断激光切割机质量好坏的第一要素。影响激光切割机切割精度的四大因素如下：

（1）激光发生器激光凝聚光斑的大小。聚集之后如果光斑非常小，则切割精度就会非常高。要是切割之后的缝隙也非常小，则说明激光切割机的精度非常高，切割品质也非常高。但激光器发出的光束为锥形，所以切出来的缝隙也是锥形。这种条件下，工件厚度越大，精度就会越低，因此切缝也就会越大。

（2）工作台的精度。工作台的精度如果非常高，则切割精度也随之提高。因此工作台的精度也是衡量激光发生器精度的一个非常重要的因素。

（3）激光光束凝聚成锥形。切割时，激光光束是以锥形向下的，这时如果切割的工件的厚度非常大，切割的精度就会降低，则切出来的缝隙就会非常大。

（4）切割的材料不同，也会影响到激光切割机的精度。在同样的情况下，切割不锈钢和切割铝的精度就会非常不同。不锈钢的切割精度会高一些，而且切面也会光滑一些。

一般来说，激光切割质量可以由以下6个标准来衡量。

①切割表面粗糙度；

②切口挂渣尺寸；

③切边垂直度和斜度；

④切割边缘圆角尺寸；

⑤条纹后拖量；

⑥平面度。

5.3.3 3D 打印机

3D 打印机（3D Printers，简称 3DP）是恩里科·迪尼（Enrico Dini）设计的一种神奇机器，它个仅可以打印出一幢完整的建筑，甚至可以在航天飞船中给宇航员打印所需任何形状的物品[150]。

3D 打印的思想起源于 19 世纪末的美国，20 世纪 80 年代 3D 打印技术在一些先进国家和地区得以发展和推广，近年来 3D 打印的概念、技术及产品发展势头铺天盖地、普及程度无处不在。故有人称之"19 世纪的思想，20 世纪的技术，21 世纪的市场"。

19 世纪末，美国科学家们研究出了照相雕塑和地貌成型技术，在此基础上，产生了 3D 打印成型的核心思想。但由于技术条件和工艺水平的制约，这一思想转化为商品的步伐始终踟蹰不前。20 世纪 80 年代以前，3D 打印设备的数量十分稀少，只有少数"科学怪人"和电子产品"铁杆粉丝"才会拥有这样的一些"稀罕宝物"，主要用来打印像珠宝、玩具、特殊工具、新奇厨具之类的东西。甚至也有部分汽车"发烧友"打印出了汽车零部件，然后根据塑料模型去订制一些市面上买不到的零部件[151]。

1979 年，美国科学家 RFHousholder 获得类似"快速成型"技术的专利，但遗憾的是该专利并没有实现商业化。

20 世纪 80 年代初期，3D 打印技术初现端倪，其学名叫做"快速成型"。20 世纪 80 年代后期，美国科学家发明了一种可打印出三维效果的打印机，并将其成功推向市场。自此 3D 打印技术逐渐成熟并被广泛应用。那时，普通打印机只能打印一些平面纸张资料，而这种最新发明的打印机，不仅能打印立体的物品，而且造价有所降低，因而激发了人们关于 3D 打印的丰富想象力。

1995 年，麻省理工学院的一些科学家们创造了"三维打印"一词，Jim Bredt 和 Tim Anderson 修改了喷墨打印机的方案，提出把约束溶剂挤压到粉末床的思路，而不是像常规喷墨打印机那样把墨水挤压在纸张上的做法。

2003 年以后，3D 打印机在全球的销售量逐渐扩大，价格也开始下降。近年来，3D 打印机风靡全球，人们正享受着 3D 打印技术带来的种种便利。

实际上，3D 打印机是一种基于累积制造技术，即快速成形技术的新型打印设备。从本质上来看，它是一种以数字模型文件为基础，运用特殊蜡材、粉末状金属或塑料等可黏合材料，通过打印方式将一层层的可黏合材料进行堆积来制造三维物体的装置。逐层打印、逐步堆积的方式就是其构造物体的核心所在。人们只要把数据和原料放进 3D 打印机中，机器就会按照程序把人们需要的产品通过一层层堆积的方式制造出来。

2016 年 2 月 3 日，中国科学院福建物质结构研究所 3D 打印工程技术研发中心的林文雄课题组在国内首次突破了可连续打印的三维物体快速成型关键技术，并开发出一款超级快速的数字投影（DLP）3D 打印机。该 3D 打印机的速度达到了创纪录的 600 mm/s，可以在短短 6 分钟内，从树脂槽中"拉"出一个高度为 60 mm 的三维物体，而同样物体采用传统的立体光固化成型工艺（SLA）来打印则需要约 10 个小时，速度提高了足足有 100 倍[152]。

1. 3D 打印机的成员

（1）最小的 3D 打印机。

世界上最小的 3D 打印机是奥地利维也纳技术大学的化学研究员和机械工程师们共同研制的（见图 5 – 40）。这款迷你型 3D 打印机只有大装牛奶盒大小，重量为 1.5 kg，造价约合 1.1 万元人民币。相比于其他的 3D 打印机，这款 3D 打印机的成本大大降低。

（2）最大的 3D 打印机。

2014 年 6 月 19 日，由世界 3D 打印技术产业联盟、中国 3D 打印技术产业联盟、亚洲制造业协会、青岛市政府共同主办、青岛高新区承办的"2014 世界 3D 打印技术产业博览会"在青岛国际会展中心开幕。来自美国、德国、英国、比利时、韩国、加拿大和中国的110多家3D打印企业展示了全球最新的桌面级3D打印机和工业级、生物医学级3D打印机。而在青岛高新区，一个长宽高各为12 m的3D打印机（见图5-41）傲然挺立，半年内它打印出一座7 m高的仿天坛建筑。

图5-40　最小的3D打印机　　　　图5-41　最大的3D打印机

　　这台3D打印机就像一个巨大的钢铁侠，甚为壮观。该打印机所属青岛尤尼科技有限责任公司的工作人员说："这是世界上最大的3D打印机，光设计、制造和安装，我们就花了好几个月。"这台打印机的体重超过了120吨，是利用吊车等安装起来的。当天正式启动后，它就将投入紧张的打印工作。"打印天坛至少需要半年左右，需要一层层地往上增加，就跟盖房子似的。"工作人员继续说，这台打印机的打印精度可以控制在毫米以内，对于以厘米计算精度的传统建筑行业来说，这是一个质的飞跃。它采用热熔堆积固化成型法，通俗地讲，就是将挤压成半熔融状态的打印材料层层沉积在基础地板上，从数据资料直接建构出原型。打印这座房屋所用的材料，是玻璃钢，这是一种复合材料，不仅轻巧、坚固耐腐蚀，而且抗老化、防水与绝缘，更为重要的是它在生产使用过程中大大降低了能耗和污染物的排放，这种优势决定了它不仅可以成为新型的建筑材料，还可以在机电、管道、船舶、汽车、航空航天，甚至是太空科学等领域发挥作用。

　　（3）激光3D打印机。

　　我国大连理工大学参与研发的最大加工尺寸达1.8 m，其采用独特的"轮廓线扫描"技术路线，可以制作大型工业样件及结构复杂的铸造模具[153]。这种基于"轮廓失效"的激光三维打印方法已获得两项国家发明专利。该3D打印机只需打印零件每一层的轮廓线，使轮廓线上砂子的覆膜树脂碳化失效，再按照常规方法在180℃加热炉内将打印过的砂子加热固化然后处理剥离，就可以得到原型件或铸模。这种打印方法的加工时间与零件的表面积成正比，大大提升了打印效率，打印速度可达到一般3D打印的5~15倍。

（4）家用 3D 打印机。

德国发布了一款高速的纳米级别微型 3D 打印机——Photonic Professional GT。这款 3D 打印机能制作纳米级别的微型结构，以最高的分辨率、极快的打印速度，打印出不超过人类头发直径的三维物体。

（5）彩印 3D 打印机。

2013 年 5 月，一种 3D 打印机新产品"ProJet x60"上市了。ProJet 品牌主要有基于四种造型方法的打印装置[154]。其中有三种均是使用光硬化性树脂进行 3D 打印，包括用激光硬化光硬化性树脂液面的类型、从喷嘴喷出光硬化性树脂后进行光照射硬化的类型（这种类型的造型材料还可以使用蜡）、向薄膜上的光硬化性树脂照射经过掩模的光的类型。其高端机型 ProJet 660Pro 和 ProJet 860Pro 可以使用 CMYK（青色、洋红、黄色、黑色）4 种颜色的黏合剂，而实现 600 万色以上颜色打印的 ProJet 260C 和 ProJet 460Plus 则使用了 CMY 三种颜色的黏合剂。

2. 3D 打印机的技术原理

3D 打印机又称三维打印机（3DP），是一种基于累积制造技术（即快速成型技术）的机器。它以数字模型文件为基础，运用特殊蜡材、粉末状金属或塑料等可黏合材料，通过打印一层层的黏合材料来制造三维物体。

3D 打印机与传统打印机最大的区别在于它使用的"墨水"是实实在在的原材料，堆叠薄层的形式多种多样，可用于打印的介质也多种多样：从繁多的塑料到金属、陶瓷以及橡胶类物质。有些 3D 打印机还能结合不同的介质，使打印出来的物体一头坚硬而另一头柔软。

有些 3D 打印机使用"喷墨"方式进行工作，它们使用打印机喷头将一层极薄的液态塑料物质喷涂在铸模托盘上，该涂层会被置于紫外线下进行固化处理。然后，铸模托盘会下降极小的距离，以供下一层塑料物质堆叠上来。

有些 3D 打印机使用一种叫做"熔积成型"的技术进行实体打印，整个流程是在喷头内熔化塑料，然后通过沉积塑料的方式形成薄层。

有些 3D 打印机使用一种叫做"激光烧结"的技术进行工作，它们以粉末微粒作为打印介质。粉末微粒被喷撒在铸模托盘上形成一层极薄的粉末层，熔铸成指定形状，然后由喷出的液态黏合剂进行固化。

还有些 3D 打印机则是利用真空中的电子流熔化粉末微粒，当遇到包含孔洞及悬臂这样的复杂结构时，介质中就需要加入凝胶剂或其他物质以提供支撑或用来占据空间。这部分粉末不会被熔铸，最后只需用水或气流冲洗掉支撑物便可形成孔隙。

图 5-42 所示为桌面级 3D 打印机，图 5-43 所示为工业级 3D 打印机。

图 5 - 42　桌面级 3D 打印机　　　　　图 5 - 43　工业级 3D 打印机

3D 打印技术为世界制造业带来了革命性的变化，以前许多部件的设计完全依赖于相应的生产工艺能否实现。3D 打印机的出现颠覆了这一设计思路，使得企业在生产部件时不再过度地考虑生产工艺问题，任何复杂形状的设计均可通过 3D 打印来实现。

3D 打印无须机械加工或模具，能够直接从计算机图形数据中生成任何所需要形状的物体，从而极大地缩短了产品的生产周期，提高了生产率。尽管其技术仍有待完善，但 3D 打印技术市场潜力巨大，势必成为未来制造业的众多核心技术之一。

3. 3D 打印机的工作步骤

（1）3D 软件建模。

首先采用计算机建模软件进行实体建模，如果手头有现成的模型也可以，比如动物模型、人物、微缩建筑等。然后通过 SD 卡或者优盘把建好的实体模型拷贝到 3D 打印机中，进行相关的打印设置后，3D 打印机就可以把它们打印出来。

3D 打印机的结构和传统打印机基本相同，也是由控制组件、机械组件、打印头、耗材和介质等组成的，打印原理差不多。主要差别在于 3D 打印机在打印前须在计算机上设计一个完整的三维实体模型，然后再进行打印输出。

3D 打印与激光成型技术一样，采用了分层加工、叠加成型来完成 3D 实体打印。每一层的打印过程分为两步，首先在需要成型的区域喷洒一层特殊胶水，胶水液滴本身很小，且不易扩散。然后是喷洒一层均匀的粉末，粉末遇到胶水会迅速固化黏结，而没有胶水的区域仍保持松散状态。这样在一层胶水一层粉末的交替下，实体模型将会被"打印"成型，打印完毕后只要扫除松散的粉末即可"刨"出模型，而剩余粉末还可循环利用。

（2）3D 实体设计。

3D 实体设计的过程是：先通过计算机建模软件建模，再将建成的 3D 实体模型"分区"成逐层的截面（即切片），从而指导 3D 打印机逐层打印。

设计软件和 3D 打印机之间交互、协作的标准文档格式是 STL 文件。一个 STL 文件使用三角面来近似模拟物体的表面。三角面越小其生成的表面分辨率就越高。PLY 是一种通过扫描产生的三维文件的扫描器，其生成的 VRML 或者 WRL 文件经常被用作全彩打印的输入文件。

（3）3D 打印过程。

3D 打印机通过读取 STL 文件中的横截面信息，再采用液体状、粉状或片状的材料将这些截面逐层地打印出来，然后将各层截面以各种方式黏合起来，从而制造出一个所设计的实体[155]。

3D 打印机打印出的截面的厚度（即 Z 方向）以及平面方向即 $X - Y$ 方向的分辨率是以 dpi（指每英寸长度上的点数，1 英寸 = 2.54 厘米）或者 μm 来计算的。一般的厚度为 100 μm，即 0.1 mm，也有部分 3D 打印机如 Objet Connex 系列和 Systems' ProJet 系列可以打印出 16 μm 薄的一层。在平面方向则可以打印出跟激光打印机相近的分辨率。3D 打印机打印出来的"墨水滴"的直径通常为 50 ~ 100 μm。用传统方法制造出一个模型通常需要数小时到数天的时间，有时还会因模型的尺寸较大或形状较复杂而使加工时间延长。而采用 3D 打印则可以将时间缩短为数十分钟或数个小时，当然具体时间也要视 3D 打印机的性能水平和模型的尺寸与复杂程度而定。

（4）制作完成。

3D 打印机的分辨率对大多数应用来说已经足够（在弯曲的表面可能会比较粗糙，像图像上的锯齿一样），要获得更高分辨率的物品可以通过如下方法实现：先用当前的 3D 打印机打出稍大一点的物体，再经过细微的表面打磨即可得到表面光滑的"高分辨率"物品。

有些 3D 打印机可以同时使用多种材料进行打印，有些 3D 打印机在打印过程中还会用到支撑物，比如在打印一些有倒挂状物体的模型时就需要用到一些易于去除的东西（如可溶的东西）作为支撑物。

（5）故障排除。

①翘边。

为了防止 3D 打印时出现翘边，首先调节平台下旋钮使平台降至最低，接着在 3D 打印机的设置中选择平台校准；然后在每次喷头下降到校准点时调节对应平台角的旋钮使平台刚好与喷头接触；照此方法将四个平台角校准一遍，此后进行第二次校准，这时就不需要降低平台，只要对喷头和平台间的距离进行微调使之贴合（如果刚刚好就不要调节），至此就可以进行确认，再将机器重启，就可看到大功告成。

②喷头堵塞。

当打印过程中出现喷头堵塞时，可通过操作软件把喷头关闭，再将喷头移离打印中的模型；接着把原料从喷头上扒开，防止进一步堵塞；进而把喷嘴残留的塑料清走；然后开启喷头工作，喷头里面的塑料融化后会自动喷出；此时再重新把塑料耗材插上喷头即可。

③3D 打印机不用而搁置时。

a. 平台清理。找一块不掉毛的绒布，在上面加上一点外用酒精或一些丙酮清洗剂，轻轻擦拭，就可将平台清理干净了。

b. 喷嘴内残料清理。先预热喷头到 220℃ 左右，然后用镊子慢慢将里面的废丝拔出来，或者拆下喷嘴进行彻底清理。

c. 其他清理。将 3D 打印机机箱下面的垃圾收拾干净，给缺油的部件做好润滑，用干净的布将电机和丝杆等组件上面的油污擦拭干净。

做好以上几点清理后，将 3D 打印机遮盖好后便可长期存放。3D 打印机日常使用过程中，养成良好的保养习惯可延长其使用寿命。

4. 3D 打印机的材料

3D 打印技术实际上可细分为三维印刷技术（3DP）、熔融层积成型技术（FDM）、立体平版印刷技术（SLA）、选区激光烧结技术（SLS）、激光成型技术（DLP）和紫外线成型技术（UV）等数种。打印技术的不同则导致所用材料完全不同。目前应用最多的是热塑性丝材（FDM），这种材料普遍易得，打印出来的产品也接近日常生活用品（如图 5 - 44所示）。FDM 所用的材料主要是高分子聚合物，如 PLA、PCL、PHA、PBS、PA、ABS、PC、PS、POM 和 PVC。需要注意的是，一

图 5 - 44　3D 打印出的成品

般在家庭中使用的材料应考虑安全第一的原则，所选材料一定要符合环保要求。相对而言，PLA、PCL、PHA、PBS、生物 PA 的安全性高一点，而 ABS、PC、PS、POM 和 PVC 不适于家用场合，因为 FDM 一般是在桌面上打印，熔融的高分子材料所产生的气味或是分解产生的有害物质直接与家庭成员接触，容易造成安全问题，所以在家庭使用或室内使用时一般建议用生物材料合成的高分子材料。一些需要有一定强度功能的制件或其他特殊功能的制件则可以选择相应的材料，如尼龙、玻璃纤维、耐用性尼龙材料、石膏材料、铝合金、钛合

金、不锈钢、橡胶类材料等。

5.3.4　测量工具

在制作仿鱼机器人时，经常需要测量零件的尺寸，以便准确装配。这时就需要用到直尺或测量精度更高的游标卡尺和千分尺。

1. 钢直尺

钢直尺（见图 5 - 45）常用于测量零件的长度尺寸，但其测量结果并不太准确，这是由于钢直尺的刻线间距为 1 mm，而刻线本身的宽度就有 0.1 ~ 0.2 mm，所以测量时读数误差比较大，只能读出 mm 数，即它的最小读数值为 1 mm，比 1 mm 还小的数值，只能凭肉眼估计而得。

如果用钢直尺直接去测量零件的直径尺寸（轴径或孔径），则测量精度更差。其原因除了钢直尺本身的读数误差比较大以外，还由于钢直尺无法正好放在零件直径的正确位置。所以，零件直径尺寸的测量可以利用钢直尺和内外卡钳配合起来进行。

2. 游标卡尺

（1）游标卡尺简介。

通常人们使用游标卡尺来测量零件尺寸，它是一种可以测量零件长度、内外径、深度的量具[156]。游标卡尺由主尺和附在主尺上能沿主尺滑动的游标两部分构成。主尺一般以 mm 为单位，而游标上则有 10、20 或 50 个分格，根据分格的不同，游标卡尺可分为 10 分度游标卡尺、20 分度游标卡尺和 50 分度游标卡尺等，游标为 10 分度的长 9 mm，20 分度的长 19 mm，50 分度的长 49 mm。游标卡尺的主尺和游标上有两副活动量爪，分别是内测量爪和外测量爪，内测量爪通常用来测量零件的内径，外测量爪通常用来测量零件的长度和外径。图 5 - 46 所示为 50 分度游标卡尺。

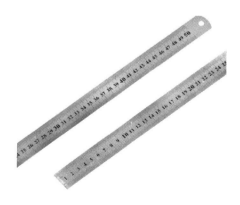

图 5 - 45　钢直尺

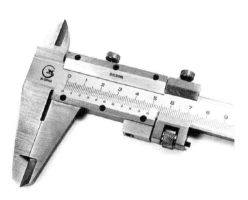

图 5 - 46　50 分度游标卡尺

在形形色色的计量器具家族中，游标卡尺是一种被广泛使用的高精度测量工具，它是刻线直尺的延伸和拓展。古代早期测量长度主要采用木杆或绳子进行，或用"迈步测量"和"布手测量"的方法，待有了长度的单位制以后，就出现了刻线直尺[157]。这种刻线直尺在公元前3000年的古埃及，在公元前2000年的我国夏商时代都已有使用，当时主要是用象牙和玉石制成，直到青铜刻线直尺的出现。当时，这种"先进"的测量工具较多的应用于生产和天文测量中。

中国古代科学技术十分发达，发明了大量在世界领先的仪器和器具，如浑天仪、地动仪、水排等。在北京国家博物馆中珍藏的"新莽铜卡尺"，经过专家考证，它是全世界发现最早的卡尺，制造于公元9年，距今已有2000多年了。与我国相比，国外在卡尺领域的发明整整晚了1000多年，最早的是英国的"卡钳尺"，外形酷似游标卡尺，但是与新莽铜卡尺一样，也仅仅是一把刻线卡尺，精度较低，使用范围也较窄。

最具现代测量价值的游标卡尺一般认为是由法国人约尼尔·比尔发明的。他是一名颇具名气的数学家，在他的数学专著《新四分圆的结构、利用及特性》中记述了游标卡尺的结构和原理，而他的名字 Vernier 变成了英文的游标一词沿用至今。但这把赫赫有名的游标卡尺没人见到过，因此有人质疑他是否制成了游标卡尺。19世纪中叶，美国机械工业快速发展，美国夏普机械有限公司创始人成功加工出了世界上第一批四把0~4英寸的游标卡尺，其精度达到了0.001 mm。

（2）游标卡尺的工作原理。

游标卡尺由主尺和能在主尺上滑动的游标组成。如果从背面去看，游标是一个整体。游标与主尺之间有一弹簧片（图5-47中未能画出），利用弹簧片的弹力使游标与主尺靠紧。游标上部有一个紧固螺钉，可将游标固定在主尺上的任意位置。主尺和游标都有量爪，主尺上的是固定量爪，游标上的是活动量爪，利用游标卡尺上方的内测量爪可以测量槽的宽度和管的内径，利用游标卡尺下方的外测量爪可以测量零件的厚度和管的外径。深度尺与游标尺连在一起，从主尺后部伸出，可以测槽和筒的深度。

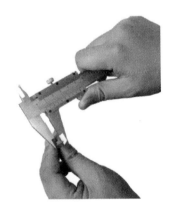

图5-47　游标卡尺的使用

主尺和游标尺上面都有刻度。以准确到0.1 mm的游标卡尺为例，主尺上的最小分度是1 mm，游标尺上有10个小的等分刻度，总长9 mm，每一分度为0.9 mm，比主尺上的最小分度相差0.1 mm。量爪并拢时主尺和游标的零刻度线对齐，它们的第一条刻度线相差 0.1 mm，第二条刻度线相差 0.2 mm，……，第 10 条刻度线相差 1 mm，即游标的第 10 条刻度线恰好与主尺的 9 mm 刻度线对齐。

当量爪间所量物体的线度为 0.1 mm 时，游标尺应向右移动 0.1 mm。这时它的第一条刻度线恰好与主尺的 1 mm 刻度线对齐。同样当游标的第五条刻度线跟主尺的 5 mm 刻度线对齐时，说明两量爪之间有 0.5 mm 的宽度，……，依此类推。

在测量大于 1 mm 的长度时，整的 mm 数要从游标 "0" 线与尺身相对的刻度线读出。

（3）游标卡尺的使用方法。

用软布将游标卡尺的量爪擦拭干净，使其并拢，查看游标和主尺的零刻度线是否对齐。如果对齐就可以进行测量；如果没有对齐则要记取零误差。游标的零刻度线在主尺零刻度线右侧的叫正零误差，在主尺零刻度线左侧的叫负零误差（这种规定方法与数轴的规定一致，原点以右为正，原点以左为负）。

测量时，右手拿住主尺，大拇指移动游标，左手拿待测外径（或内径）的物体，使待测物位于外测量爪之间，当与量爪紧紧相贴时，即可读数，如图 5 - 48 所示。

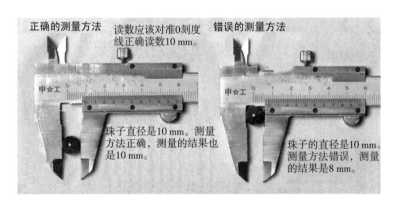

图 5 - 48　正确使用游标卡尺

当测量零件的外尺寸时，卡尺两测量面的连线应垂直于被测量表面，不能歪斜。测量时，可以轻轻摇动卡尺，放正垂直位置，如图 5 - 48 左图所示。否则，量爪若在图 5 - 48 右图所示的错误位置上，就将使测量结果比实际尺寸要小；先把卡尺的活动量爪张开，使量爪能自由地卡进工件，把零件贴靠在固定量爪上，然后移动尺框，用轻微的压力使活动量爪接触零件。如卡尺带有微动装置，此时可拧紧微动装置上的固定螺钉，再转动调节螺母，使量爪接触零件并读取尺寸。决不可把卡尺的两个量爪调节到接近甚至小于所测尺寸，把卡尺强制地卡到零件上去。这样做会使量爪变形，或使测量面过早磨损，使卡尺失去应有的精度。

（4）游标卡尺的正确读数。

在用游标卡尺测量并读数时，首先以游标零刻度线为准在主尺上读取 mm 整数，即以 mm 为单位的整数部分；然后再看游标上第几条刻度线与主尺的刻度线对齐，如第 6 条刻度线与主尺刻度线对齐，则小数部分即为 0.6 mm（若没有正好对齐的线，则取最接近对齐的线进行读数）。如有零误差，则一律用上述结果减去零误差（零误差为负，相当于加上相同大小的零误差），读数结果为：

$$L = 整数部分 + 小数部分 - 零误差$$

判断游标上哪条刻度线与主尺刻度线对准可用下述方法：选定相邻的三条线，如左侧的线在主尺对应线之右，右侧的线在主尺对应线之左，中间那条线便可以认为是对准了。

$L = $ 对准前刻度 + 游标上第 n 条刻度线与主尺的刻度线对齐 × （乘以）分度值

如果需测量几次取平均值，不需每次都减去零误差，只要从最后结果减去零误差即可。

下面以图 5-49 所示 0.02 游标卡尺的某一状态为例进行说明。

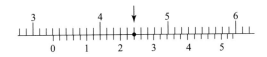

图 5-49　游标卡尺的正确读法

①在主尺上读出游标零刻度线以左的刻度，该值就是最后读数的整数部分。图示为 33 mm。

②游标上一定有一条与主尺的刻线对齐，在游标上读出该刻线距游标的零刻度线以左的刻度的格数，乘上该游标卡尺的精度 0.02 mm，就得到最后读数的小数部分。或者直接在游标上读出该刻线的读数，图示为 0.24 mm。

③将所得到的整数和小数部分相加，就得到总尺寸为 33.24 mm。

（5）游标卡尺的保管事项。

①保管方法。

游标卡尺使用完毕，要用棉纱擦拭干净。长期不用时应将它擦上黄油或机油，两量爪合拢并拧紧紧固螺钉，放入卡尺盒内盖好。

②注意事项。

a. 游标卡尺是比较精密的测量工具，要轻拿轻放，不得碰撞或跌落地下。使用时不要用来测量粗糙的物体，以免损坏量爪，避免与刃具放在一起，以免刃具划伤游标卡尺的表面，不使用时应置于干燥中性的地方，远离酸碱性物质，防止锈蚀。

b. 测量前应把卡尺擦拭干净，检查卡尺的两个测量面和测量刃口是否平直无损，把两个量爪紧密贴合时，应无明显的间隙，同时游标和主尺的零位刻线要相互对准。这个过程称为游标卡尺的零位校对。

c. 移动尺框时，活动要自如，不应有过松或过紧现象，更不能有晃动现象。用固定螺钉固定尺框时，卡尺的读数不应有所改变。在移动尺框时，不要忘记松开固定螺钉，亦不宜过松以免掉落。

d. 用游标卡尺测量零件时，不允许过分地施加压力，所用压力应使两个量爪刚好接触零件表面。如果测量压力过大，不但会使量爪弯曲或磨损，且量爪在压力作用下产生弹性变形，使测量得到的尺寸不准确（外尺寸小于实际尺寸，内尺寸大于实际尺寸）。

e. 在游标卡尺上读数时，应水平拿着卡尺，朝着亮光的方向，使人的视线尽可能和卡尺的刻线表面垂直，以免由于视线歪斜造成读数误差。

f. 为了获得正确的测量结果，可以多测量几次。即在零件的同一截面上的不同方向进行测量。对于较长零件，则应当在全长的各个部位进行测量，务使获得一个比较正确的测量结果。

3. 千分尺

（1）千分尺简介。

千分尺（micrometer）又称螺旋测微器、螺旋测微仪、分厘卡，是比游标卡尺更精密的测量长度的工具，其结构如图 5 – 50 所示[158]：

千分尺是依据螺旋放大原理制成的，测微螺杆在螺母中旋转一周，就会沿着旋转轴线方向前进或后退一个螺距的距离[159]。因此，测微螺杆沿轴线方向移动的微小距离就能用圆周上的刻度读数表示出来。

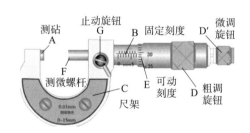

图 5 – 50　千分尺结构示意图

千分尺测微螺杆上的精密螺纹其螺距是 0.5 mm，可动刻度有 50 个等分刻度。当可动刻度旋转一周时，测微螺杆可前进或后退 0.5 mm，因此每旋转一个小分度，相当于测微螺杆前进或后退了 0.5/50＝0.01（mm）。由此可见，可动刻度的每一小分度表示 0.01 mm，所以千分尺的测量精度可准确到 0.01 mm。由于需要再估读一位，于是可读到 mm 的千分位，故由此得名千分尺。

（2）千分尺的使用方法。

①使用前应先检查千分尺的零点，可缓缓转动微调旋钮（D′），使测微螺杆（F）和测砧（A）接触，直到棘轮发出声音为止。此时可动刻度（E，即活动套筒）上的零刻线应当和固定刻度（B）上的基准线（长横线）对正，否则有零误差。

②测量时（见图 5–51），左手持尺架（C），右手转动粗调旋钮（D）使测微螺杆（F）与测砧（A）间距稍大于被测物，接着放入被测物，然后转动微调旋钮（D′）夹住被测物，直到棘轮发出声音为止，再拨动止动旋钮（G）使测微螺杆固定后读数。

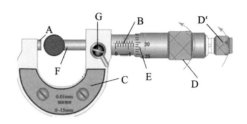

图 5–51　采用千分尺测量物体长度

（3）千分尺的读数方法。

①先读固定刻度；

②再读半刻度，若半刻度线已露出，记作 0.5 mm；若半刻度线未露出，记作 0.0 mm；

③再读可动刻度（注意估读）。记作 $n \times 0.01$ mm；

④最终读数结果 = 固定刻度 + 半刻度 + 可动刻度。

（4）使用千分尺时的注意事项。

①测量时，在测微螺杆快靠近被测物体时应停止使用粗调旋钮，而改用微调旋钮，避免产生过大的压力，这样既可使测量结果精确，又能保护千分尺；

②在读数时，要注意固定刻度尺上表示 0.5 mm 的刻线是否已经露出；

③读数时，千分位有一位估读数字，不能随便扔掉，即使固定刻度的零点正好与可动刻度的某一刻度线对齐，千分位上也应读取为"0"；

④当测砧和测微螺杆并拔时，可动刻度的零点与固定刻度的零点不相重合，将出现零误差，应加以修正，即在最后测得长度的读数上去掉零误差的数值。

（5）千分尺的正确使用和保养。

①检查零位线是否准确；

②测量时需把工件被测量面擦拭干净；

③工件较大时应放在 V 形铁或平板上测量；

④测量前将测微螺杆和测砧擦干净；

⑤拧可动刻度（即活动套筒）时需用棘轮装置；

⑥不要拧松后盖，以免造成零位线改变；

⑦不要在固定刻度和可动刻度之间加入普通机油；

⑧用后擦净上油，放入专用盒内，置于干燥处。

4. 万用表

（1）万用表简介。

万用表是一种多功能、多量程、便于携带的电子仪表，可以用来测量直流电流、交流电流、电压、电阻、音频电平和晶体管直流放大倍数等物理量[160]。万用表由表头、测量线路、转换开关以及测试表笔等组成。

万用表可以分为模拟式和数字式万用表。模拟式万用表是由磁电式测量机构作为核心，用指针来显示被测量数值；数字式万用表是由数字电压表作为核心，配以不同转换器，用液晶显示器显示被测量数值。

万用表怎么用呢？这是很多电工新手或青少年学生每每遇到的小难题。有了万用表却不会使用，有了这张图（见图 5 - 52）就会使用万用表了。

下面介绍万用表的各个部件以及符号所代表的意思。

以图 5 - 52 的数字万用表为例，万用表主要分为两部分，分别是表身和表笔。表笔很简单，一根红色的表笔和一根黑色的表笔；表身包括表头（即屏幕）、转换旋钮、表笔插口。表身最上面的部分是显示屏，可以显示测量出来的所有数值；显示屏下面有两个按钮，分别是数字保留按钮和手动自动量程按钮；表身中间部分是转换旋钮，用于转换各种挡位，上面各个字符代表的意思分别是：从 OFF 挡开始，依次是交流电压、直流电压、直流电压（毫伏）、Ω挡（电阻）和二极管测试、电容、交流/直流安培、交流/直流毫安、交流/直

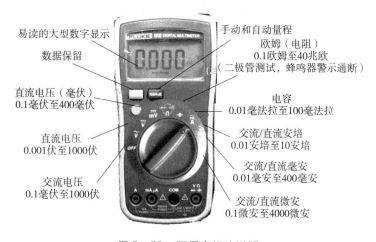

图 5 - 52 万用表标注说明

流微安；表身最下面部分是表笔插口，从左到右共计四个插口，分别是电流安培（注意有电流通过时间要求）、电流毫安微安（也要注意电流通过时间的要求）、COM（也叫公共端）、电压电阻二极管；其中 COM 孔插黑色的表笔，其余三个孔均插红色的表笔；需要注意的是，每款万用表上面的标注方式都不尽相同，但是字符代表的意思都是一致的。

（2）万用表的使用方法。

现以最常用的电压测量为例，说明如何使用万用表。测量前先把黑色表笔插入 COM 孔，把红色表笔插入 VΩ 孔（即电压电阻孔），然后打开万用表，待校零完成以后，把转换旋钮旋转至电压挡（图 5 - 53 所示万用表是 750 V 挡）；接着，一只手捏住一支表笔，此时注意不要让表笔触碰金属部分，再用两只表笔分别接触待测电路的火线和零线（如图 5 - 53 中插座的插孔），这时显示屏上就会显示出测量的电压数值（图 5 - 53 中所测电压是 235 V）；万用表的其他用法都跟上述电压测量类似。

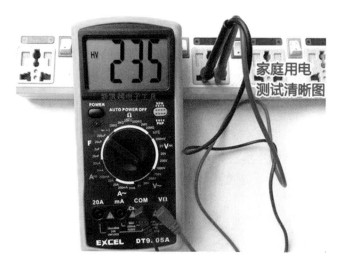

5 - 53　万用表的使用方法

5.4　组装我的躯干

仿鱼机器人的躯干由两个前舵机支架、两个后舵机支架、四个舵机轴连接件和两个数字舵机组成，这些零部件分别如图 5 - 54（a）、（b）、（c）、（d）所示。

第一步：组装舵机与舵机连接件，形成装配体 1，如图 5 - 55 所示。

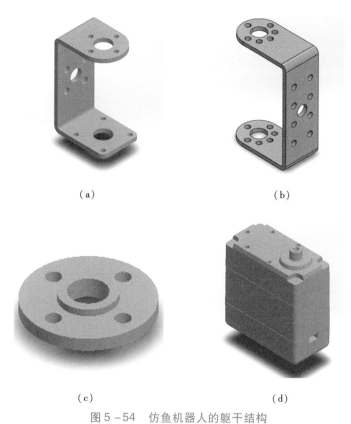

(a)   (b)

(c)   (d)

图 5 – 54   仿鱼机器人的躯干结构

(a) 前舵机支架；(b) 后舵机支架；(c) 舵机轴连接件；(d) 数字舵机

第二步：组装装配体 1 与后舵机支架，形成装配体 2，并采用螺钉固定，如图 5 – 56 所示。

图 5 – 55   装配体 1

图 5 – 56   装配体 2

第三步：组装装配体 2 与前舵机支架，形成装配体 3，并采用螺钉固定，如图 5 - 57 所示。

第四步：按照前三步的方法装配第二个舵机即舵机支架，形成装配体 4，如图 5 - 58 所示。

图 5 - 57　装配体 3　　　　　　　　图 5 - 58　装配体 4

第五步：将装配体 3 和装配体 4 通过舵机支架固定在一起，组成装配体 5，如图 5 - 59 所示。

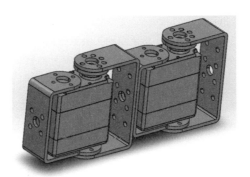

图 5 - 59　装配体 5

到此，仿鱼机器人的躯干装配成功。

5.5　组装我的尾巴

仿生机器鱼的尾巴由一个前侧挡板、一个左侧挡板、一个右侧挡板、一个后侧挡板、一个尾板和四个铜柱组成，这些零件分别如图 5 - 60 所示。

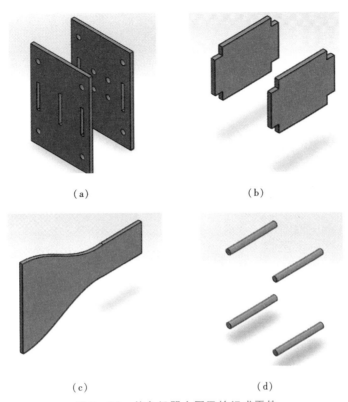

（a）   （b）

（c）   （d）

图 5 - 60 仿鱼机器人尾巴的组成零件

（a）前后挡板；（b）左右挡板；（c）尾板 （d）四个铜柱

　　将上述零件备齐以后，即可进行仿鱼机器人尾巴的组装工作，具体步骤
如下：

　　第一步：组装前侧挡板和左右侧挡板，形成装配体 6，如图 5 - 61 所示。

　　第二步：将装配体 6 与后侧挡板组装在一起，形成装配体 7，其结果如图
5 - 62 所示。

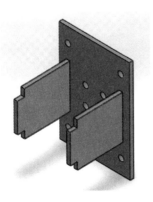

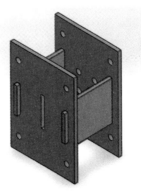

图 5 - 61 装配体 6   图 5 - 62 装配体 7

第三步：将装配体 7 与尾板组装在一起，形成装配体 8，其结果如图 5 - 63 所示。

第四步：将装配体 8 与四个铜柱组装在一起，形成装配体 9，其结果如图 5 - 64 所示。

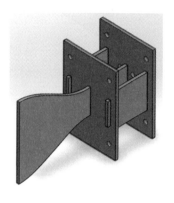

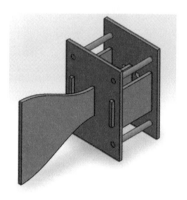

图 5 - 63　装配体 8　　　　　　　　图 5 - 64　装配体 9

至此，仿鱼机器人尾巴的组装工作就大功告成。

5.6　帮我设计一个可爱的脑袋

仿鱼机器人的头部由一个底板、一个左板、一个右板、一个上板、一个左脸板、一个右脸板、两个侧鳍和一个头鳍组成。这些零件分别如图 5 - 65 所示。

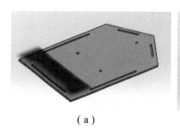

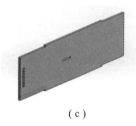

（a）　　　　　　　　（b）　　　　　　　　（c）

图 5 - 65　仿鱼机器人头部组成零件示意图

（a）底板；（b）左板；（c）右板

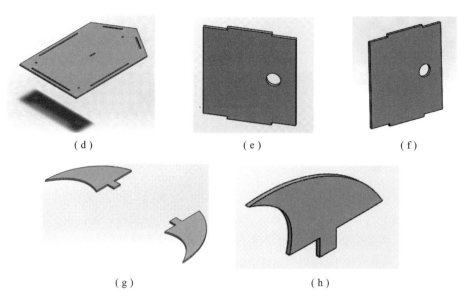

（d）　　　　　　　　　　（e）　　　　　　　　　　（f）

（g）　　　　　　　　　　　　（h）

图 5 –65　仿鱼机器人头部组成零件示意图（续）

（e）左脸板；（f）右脸板；（g）侧鳍；（h）头鳍

将上述零件备齐以后，即可进行仿鱼机器人头部的组装工作，具体步骤如下：

第一步：组装底板和右板，形成装配体 10，如图 5 –66 所示。

第二步：将装配体 10 和后板组装在一起，形成装配体 11，结果如图 5 –67。

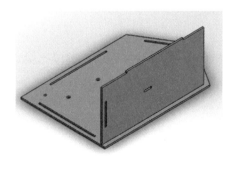

图 5 –66　装配体 10

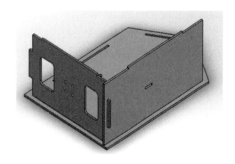

图 5 –67　装配体 11

第三步：将装配体 11 和左板组装在一起，形成装配体 12，结果如图 5 –68。

第四步：将装配体 12 和左脸板及右脸板组装在一起，形成装配体 13，结果如图 5 –69。

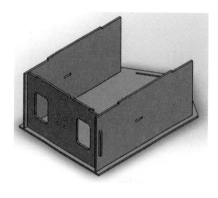

图 5 - 68　装配体 12

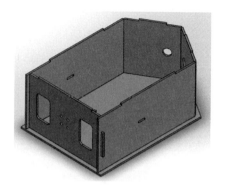

图 5 - 69　装配体 13

第五步：将装配体 13 和上板组装在一起，形成装配体 14，结果如图 5 - 70。

第六步：将装配体 14 和两个侧鳍组装在一起，形成装配体 15，结果如图 5 - 71。

图 5 - 70　装配体 14

图 5 - 71　装配体 15

第七步：将装配体 15 和头鳍组装在一起，形成装配体 16，结果如图 5 - 72。

图 5 - 72　装配体 16

至此，仿鱼机器人的头部就装配成功，距离最后仅有一步之遥。

5.7　拼到一起看一看

下面将仿鱼机器人的躯干、尾部和头部连接在一起，看看它长得什么模样。

第一步：将仿鱼机器人头部装配体 16 与躯干装配体 5 采用螺钉连接在一起，形成装配体 17，其结果如图 5 – 73 所示。

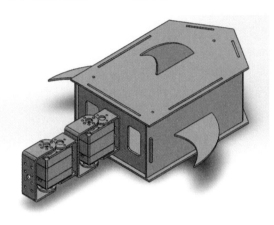

图 5 – 73　装配体 17

第二步：将装配体 17 与尾部装配体 9 采用螺钉连接在一起，形成装配体 18，其结果如图 5 – 74 所示。

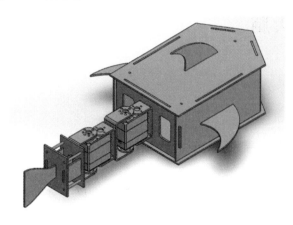

图 5 – 74　装配体 18（仿鱼机器人实体装配模型）

至此，仿鱼机器人的结构部分装配成功，已能清晰看出其整体形貌。

第 6 章
我能像鱼儿一样游泳

6.1 我的大脑

6.1.1 鱼类的脑和神经系统

1. 鱼脑

鱼类缺乏大脑皮层，脑的机能活动主要表现在小脑、中脑、间脑和脑干各部分的联系方面（见图 6–1）。鱼脑除了有脑颅的保护之外，神经组织还外包着一层脑膜，来自脑部的脉络丛的脑脊液填充在脑和骨髓内腔，也对脑起到了保护作用。

鱼脑各个部分的功能如下：

（1）端脑。具有嗅觉功能，位于脑的最前端，由嗅球、嗅束和大脑半球组成；大脑内有不完全的纵隔分为左右两个侧脑室（或称公共脑室），借室间孔与间脑的第三脑室相连。

（2）间脑。位于大脑后方，间脑前腹面有脑垂体。

（3）中脑。具有视觉功能，位于间脑后背方。

（4）小脑。具有运动功能，前连中脑，后连延脑。

（5）延脑。具有味觉功能，位于脑的最末端，前连小脑，后连脊髓。

（6）脑（脊）膜。硬骨鱼类的大脑背壁无神经组织，只有一层具有保护和营养机能的结缔组织。

（7）脑脊液。填充在脑和髓腔的透明液体，来自脑的脉络丛，对脑和脊髓起保护作用。

（8）纹状体。大脑腹壁和侧壁的组成，是神经细胞体聚集而成的大核团，为鱼的高级神经中枢。

2. 神经系统

鱼儿的外周神经系统由中枢神经系统发出的脑神经和脊神经组成，其作用是通过外周神经将皮肤、肌肉、内脏器官感觉冲动传递到中枢神经，或由中枢向这些部位传导运动冲动，如图 6-1 所示。

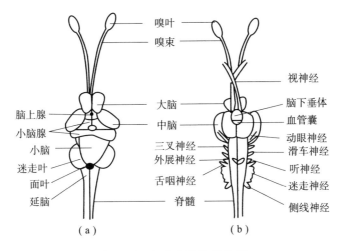

图 6-1 鲤鱼的脑和脑神经

（a）背面；（b）腹面

鱼类有脑神经 10 对，其名称及分布部位在无羊膜类各纲动物中大致相同。

（1）嗅神经。神经元的细胞体分布在嗅囊的黏膜上，由细胞体轴突集合成的嗅神经终止端脑的嗅叶或大脑。嗅神经的功能专司嗅觉。

（2）视神经。神经元的细胞体位于眼球的视网膜上，由轴突合成的视神经穿过眼球壁和眼窝，在间脑腹面形成视神经交叉，入间脑而最后抵达中脑。视神经专司视觉。

（3）动眼神经。由中脑腹面发出，分布到眼球的上直肌、下直肌、内直肌和下斜肌，与滑车神经和外展神经共同支配眼球的活动。

（4）滑车神经。由中脑侧背面发出，穿过眼窝壁，分布到眼球的上斜肌上。这是唯一由中枢神经系统背面发出的一对运动神经。

（5）三叉神经。发自延脑的前侧面，在通出脑颅前神经略为膨大，称为半月神经节。三叉神经在神经节后分成4支，即：深眼支、浅眼支、上颌支和下颌支。深眼支分布到鼻部黏膜和吻部皮下；浅眼支与面神经的浅眼支在基部并合，一起分布到头顶及吻端的皮肤上；上颌支沿口角分布到上颌；下颌支由口角分布至下颌。三叉神经既支配着颌的动作，也接受来自吻部、唇部、鼻部及颌部的感觉刺激。

（6）外展神经。由延脑腹面发出，穿过眼窝壁分布于眼球的外直肌上。

（7）面神经。从延脑侧面发出，与三叉神经的基部接近，关系也比较密切。面神经分为3支，即：浅眼支、口支和舌颌支。浅眼支与三叉神经的浅眼支合并，一起分布到吻部；口支穿过脑颅，分布到上颌和口腔顶部；舌颌支最粗大，分支可达舌弓、舌颌骨、下颌骨、鳃盖骨及鳃条骨等。面神经支配头部和舌弓的肌肉运动，并接受来自皮肤、触须、舌部和咽鳃等处的感觉刺激。

（8）听神经。由延脑侧面发出，与三叉神经、面神经、舌咽神经的基部彼此靠拢，分布至内耳的半规管、椭圆囊、球状囊及壶腹上，感知听觉和平衡感觉。

（9）舌咽神经。从延脑侧面发出而紧挨听神经之后，穿过前耳骨到达第一鳃弓。它的基部有一神经节，节后分为鳃裂前支和鳃裂后支，分布到口盖部、咽部、鳃裂的壁上及头部侧线系统。

（10）迷走神经。发自延脑侧面最粗大的一对脑神经，由此分出3支，即：鳃支、内脏支及侧线支，分布到第一至第四鳃弓、心脏、消化器官、鳔及侧线系统上。迷走神经的机能是支配咽喉部和内脏器官的活动，并感受咽部的味觉、躯干部的皮肤感觉及侧线感觉等，如图6-2所示。

鱼类的10对脑神经中，嗅神经、视神经及听神经为纯感觉神经，仅由导入的感觉神经纤维构成，分别与嗅、视、听觉发生联系；动眼神经、滑车神经和外展神经是纯运动神经，只包含运动神经纤维，用于支配动眼肌的活动；而三叉神经、面神经、舌咽神经及迷走神经均为混合神经，兼有感觉和运动两种神经纤维，主要与咽弓、内脏的感觉和运动有关。

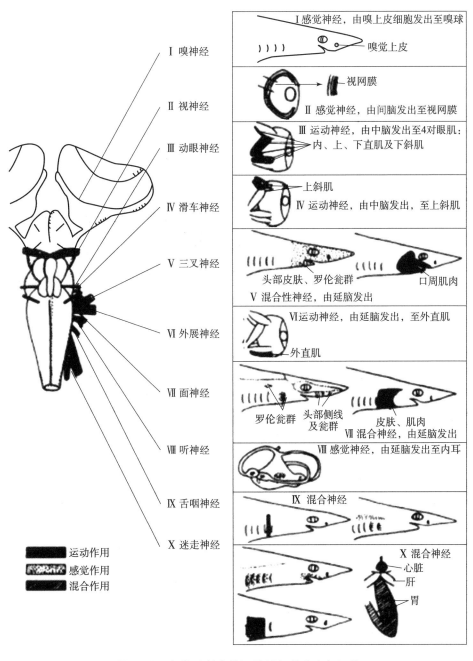

图6-2 鱼类（斜齿鲨）脑神经的分布与机能

6.1.2 仿鱼机器人的控制系统

控制系统是仿鱼机器人的重要组成部分，也可以称其为机器人的大脑和神经系统。从感知外部环境的变化，到经过处理器的处理，最后控制执行机构完成相应的动作，都有赖于控制系统的有效配合[161]。

一般常用的控制器有 PLC、FPGA、单片机、树莓派、DSP 等，下面介绍和分析一下这几种控制器的特点。

1. PLC

可编程逻辑控制器（Programmable Logic Controller，PLC。见图 6-3）是一种专门为在工业环境下应用而设计的数字运算操作电子系统[162]。它采用一种可编程的存储器，在其内部存储执行逻辑运算、顺序控制、定时、计数和算术运算等操作的指令，通过数字式或模拟式的输入输出来控制各种类型的机械设备或生产过程。PLC 已在许多场合得到应用，这主要得益于它具有的一些特点。

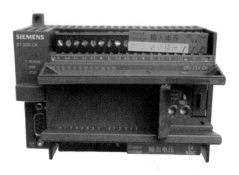

图 6-3　PLC 控制器

（1）功能丰富。

PLC 具有丰富的处理信息的指令系统和存储信息的内部器件[163]。它的指令多达几十条、几百条，可进行各式各样的逻辑处理，还可进行各种数据的运算。凡普通计算机能做到的，它也都能做到。它的内部器件，即内存中的数据存储区，种类繁多，容量宏大。

PLC 还有丰富的外部设备，可建立友好的人机界面，以进行信息交换。可送入程序，送入数据，可读出程序，读出数据。而且读、写时可在图文并茂的画面上进行显示。数据读出后，可转储，可打印。

PLC 还具有通信接口，可与计算机连接或联网，与计算机交换信息。自身也可联网，以形成单机所难以拥有的更大的、地域更广的控制系统。

PLC 还有强大的自检功能，可进行自诊断。其结果可自动记录。这为它的维修增加了透明度，提供了方便。

丰富的功能为 PLC 的广泛应用提供了可能。同时，也为众多工业系统的自动化、远程化及其控制的智能化创造了条件。像 PLC 这样集丰富功能于一身，是别的电子控制器所没有的，更是传统的继电控制电路所无法比拟的。

（2）使用方便。

具体地讲，PLC 有以下五个方便之处：

①配置方便。可按控制系统的需要确定要使用哪家的 PLC，哪种类型的，用什么模块，要多少模块。确定后，到市场上订货购买即可。

②安装方便。PLC 硬件安装简单，组装容易。外部接线有接线器，接线便

捷，而且一次接好后，更换模块时，把接线器安装到新模块上即可，不必再接线。内部什么线都不要接，只要作些必要的开关设定或软件设定，以及编制好用户程序就可直接工作。

③编程方便。PLC 内部虽然没有什么实际的继电器、时间继电器、计数器，但它通过程序（软件）与系统内存沟通，这些器件却实实在在地存在着。其数量之多是继电器控制系统难以想象的。即使是小型的 PLC，内部继电器都可以数以千计，时间继电器、计数器也是数以百计。而且，这些继电器的接点可无限次地使用。PLC 内部逻辑器件之多，用户用起来已很难感到有什么限制。唯一需要考虑的只是出入点。而这个内部出入点即使使用得再多，也无关紧要。大型 PLC 的控制点数可达万点以上，而实际中很难遇到那么大的现实系统。若实在不够，还可联网进行控制，不受什么限制。PLC 的指令系统也非常丰富，可以毫不困难地实现种种开关量和模拟量的控制。PLC 还有存储数据的内存区，可存储控制过程中所有要保存的信息。

④维修方便。PLC 工作可靠，出现故障的情况不多，这大大减轻了维修的工作量。即使 PLC 出现了故障，维修起来也很方便。这是因为 PLC 中设有很多故障提示信号，如 PLC 支持内存保持数据的电池电压不足，相应的就有电压低信号指示。而且 PLC 本身还可作故障情况记录。所以，PLC 出现了故障，很容易诊断。同时，诊断出故障后排除故障也很简单。可按模块排除，而模块的备件在市场上可以买到，进行简单的更换就可以了。至于软件，调试好后不会出故障，最多也只要依据使用经验进行调整，使之完善就是了。

⑤改用方便。PLC 用于某设备，若这个设备不再使用了，其所用的 PLC 还可给别的设备使用，只要改编一下程序，就可办到。如果原设备与新设备差别较大，它的一些模块还可重用。

（3）工作可靠。

用 PLC 对系统进行控制是非常可靠的。这是因为 PLC 在硬件与软件两个方面都采取了很多措施，确保它能可靠地工作。事实上，如果 PLC 工作不可靠，就无法在复杂的工业环境下运用，也就不成其为 PLC 了。

在硬件方面，PLC 的输入输出电路与内部 CPU 采用了电隔离，其信息靠光耦器件或电磁器件传递，而且 CPU 板还有抗电磁干扰的屏蔽措施。故可确保PLC 程序的运行不会受到外界的电磁干扰，能够正常地工作。PLC 使用的元器件多为无触点，且为高度集成，数量并不太多，这些也为其可靠工作提供了物质基础。在机械结构设计与制造工艺上，为使 PLC 能安全可靠地工作，也采取了很多措施，可确保 PLC 耐振动、耐冲击。其使用环境温度可高达 50℃以上，有的 PLC 可高达 80~90℃。有的 PLC 的模块可热备份，一个主机工作，另一个主机也运转，但不参与控制，仅作备份。一旦工作主机出现故障，热备份的可自动接替其工作。还有更进一步冗余的采用三取一的设计：CPU、I/O 模块、电源模块都冗余或其中的部分冗余。三套同时工作，最终输出取决于三者中的多数决定的结果。这可使系统出现故障的概率几乎为零，做到万无一失。当然，这样的系统成本是很高的，只用于特别重要的场合，如铁路车站的道岔控制系统。

在软件方面，PLC 的工作方式为扫描加中断，这样既可保证它能够有序地工作，避免继电控制系统常常出现的"冒险竞争"，其控制结果总是确定的；而且又能够应急处理那些急待处理的控制，保证了 PLC 对应急情况的及时响应，使 PLC 能可靠地工作。

为监控 PLC 运行程序是否正常，PLC 系统设置了"看门狗"（Watching-dog）监控程序。运行用户程序开始时，先清理"看门狗"定时器，并开始计时[164]。当用户程序一个循环运行完了，则查看定时器的计时值。若超时（一般不超过 100 ms），则报警。严重超时，还可使 PLC 停止工作。用户可依报警信号采取相应的应急措施。定时器的计时值若不超时，则重复起始的过程，PLC 将正常工作。显然，有了这个"看门狗"监控程序，可保证 PLC 用户程序的正常运行，可避免出现"死循环"而影响其工作的可靠性。PLC 还有很多防止及检测故障的指令，以产生各重要模块工作正常与否的提示信号。可通过编制相应的用户程序，对 PLC 的工作状况，以及 PLC 所控制的系统进行监控，以确保其可靠工作。PLC 每次上电后，还都要运行自检程序及对系统进行初始化。这是系统程序配置好了的，用户可不干预。出现故障时会有相应的出错信号提示。正是 PLC 在软、硬件诸方面有强有力的可靠性措施，才确保了 PLC 具有可靠工作的特点。它的平均无故障时间可达几万小时以上；出了故障平均修复时间也很短，几小时甚至几分钟即可。曾有人做过为什么要使用 PLC 的问卷调查。在回答中，多数用户把 PLC 工作可靠作为选用它的主要原因，即把 PLC 能可靠工作作为其首选指标。

（4）经济合算。

高新技术的使用必将带来巨大的社会效益与经济效益，这是科技是第一生产力的体现，也是高新技术生命力之所在。PLC 也是如此。尽管使用 PLC 首次投资要大些，但从全面及长远看，使用 PLC 还是划算的。这是因为：使用 PLC 的投资虽大，但它的体积小、所占空间小，辅助设施的投入少；使用时省电，运行费用低；工作可靠，停工损失少；维修简单，维修费少；还可再次使用以及能带来附加价值，等等，从中可得更大的回报。所以，在多数情况下，它的效益是可观的。

2. FPGA

FPGA 是现场可编程门阵列的英文首字母组合（Field – Programmable Gate

Array，FPGA），见图 6 – 4，它是在 PAL、GAL、CPLD 等可编程器件的基础上进一步发展的产物[165]。它是作为专用集成电路（ASIC）领域中的一种半定制电路而出现的，既解决了定制电路的不足，又克服了原有可编程器件门电路数量有限的缺点。

图 6 – 4　FPGA 控制器

　　FPGA 是一种可重新编程的硅芯片，使用预建的逻辑块和可重新编程的布线资源，用户无须再使用电路试验板或烙铁，就能配置这些芯片来实现自定义的硬件功能[166]。用户在软件中开发数字计算任务，并将它们编译成配置文件或比特流，其中包含元器件相互连接的信息。此外，FPGA 可完全重新配置，当用户在重新编译不同的电路配置时，能够当即呈现全新的特性。过去，只有熟知数字硬件设计的工程师们懂得使用 FPGA 技术。然而今天，高层次设计工具的兴起正在改变 FPGA 编程的方式，其中的新兴技术能够将图形化程序框图，甚至是 C 代码都转换成数字硬件电路。

　　各行各业纷纷采用 FPGA 芯片是源于其融合了 ASIC 和基于处理器的系统的最大优势。FPGA 能够提供硬件定时的速度和稳定性，且无须投入类似自定制 ASIC 设计的巨额前期费用。可重新编程的硅芯片的灵活性与在基于处理器的系统上运行的软件相当，但它并不受可用处理器内核数量的限制。与处理器不同的是，FPGA 属于真正的并行工作，因此不同的处理操作无须竞争相同的资源。每个独立的处理任务都配有专用的芯片部分，能在不受其他逻辑块的影响下自主运作。因此，添加更多处理任务时，其应用性能也不会受到影响。

　　FPGA 的五大优势可通过性能、上市时间、成本、稳定性、长期维护反映出来。

　　（1）性能。

　　利用硬件并行的优势，FPGA 打破了顺序执行的模式，在每个时钟周期内可完成更多的处理任务，超越了数字信号处理器（DSP）的运算能力[167]。著名的分析与基准测试公司 BDTI 发布基准表明，在某些应用方面，FPGA 每美元的处理能力是 DSP 解决方案的多倍。在硬件层面控制输入和输出（I/O），为满足应用需求提供了更快速的响应时间和专业化的功能。

　　（2）上市时间。

　　尽管上市的限制条件越来越多，FPGA 技术仍提供了灵活性和快速原型的能力。用户可以测试一个想法或概念，并在硬件中完成验证，而无须经过自定制 ASIC 设计漫长的制造过程。由此用户就可在数小时内完成逐步的修改并进行 FPGA 设计迭代，省去了几周的时间。

（3）成本。

自定制 ASIC 设计的非经常性工程（NRE）费用远远超过基于 FPGA 的硬件解决方案所产生的费用[168]。ASIC 设计初期的巨大投资表明了原始设备制造商每年需要运输数千种芯片，但更多的最终用户需要的是自定义硬件功能，从而实现数十至数百种系统的开发。可编程芯片的特性意味着用户可以节省制造成本以及漫长的交货组装时间。

（4）稳定性。

软件工具提供了编程环境，FPGA 电路是真正的编程"硬"执行过程。基于处理器的系统往往包含了多个抽象层，可在多个进程之间计划任务、共享资源。驱动层控制着硬件资源，而操作系统管理内存和处理器的带宽。对于任何给定的处理器内核，一次只能执行一个指令，且基于处理器的系统时刻面临着严格限时的任务相互取占的风险。而 FPGA 不使用操作系统，拥有真正的并行执行和专注于每一项任务的确定性硬件，可减少稳定性方面出现问题的可能。

（5）长期维护。

正如上文所提到的，FPGA 芯片是现场可升级的，无须重新设计 ASIC 所涉及的时间与费用投入。举例来说，数字通信协议包含了可随时间改变的规范，而基于 ASIC 的接口可能会造成维护和向前兼容方面的困难。可重新配置的 FPGA 芯片能够适应未来需要作出的修改。随着产品或系统成熟，用户无须花费时间重新设计硬件或修改电路板布局就能增强功能。

3. 单片机

单片机又称单片微控制器（见图 6 - 5），它不是完成某一逻辑功能的芯片，而是把一个计算机系统集成到一个芯片上，相当于一个微型的计算机。与普通的计算机相比，单片机只是缺少了 I/O 设备，其他的功能样样俱全。简单而言，一块芯片就成了一台计算机。它的体积小、质量轻、价格便宜、功能丰富，为学习、应用和开发提供了多种便利条件。单片机的使用领域十分广泛，如智能仪表、实时工控、通

图 6 - 5　单片机控制器

信设备、导航系统、家用电器等。各种产品一旦用上了单片机，就能起到"画龙点睛"的功效，使产品升级换代，故人们常在装有单片机的产品名称前冠以形容词——"智能型"，如智能型洗衣机等[169]。

单片机作为计算机发展的一个重要分支领域，根据发展情况，从不同角度进行分类，单片机大致可以分为通用型/专用型、总线型/非总线型，以及工控型/家电型。

通用型单片机是按单片机的适用范围来区分的。例如，80C51 式通用型单片机不是为某种专门用途设计的；专用型单片机是针对一类产品甚至某一个产品设计生产的，例如为了满足电子体温计的要求，在片内集成 ADC 接口等功能的温度测量控制电路[170]。

总线型单片机是按单片机是否提供并行总线来区分的。总线型单片机普遍设置有并行地址总线、数据总线、控制总线，这些引脚用以扩展并行，外围器件都可通过串行口与单片机连接，另外，许多单片机已把所需要的外围器件及外设接口集成到一片内，因此在许多情况下可以不要并行扩展总线，大大减省了封装成本和芯片体积，这类单片机称为非总线型单片机。

控制型单片机是按照单片机大致应用的领域进行区分的。一般而言，工控型单片机寻址范围大，运算能力强；用于家电的单片机多为专用型，通常是小封装、低价格，外围器件和外设接口集成度高。显然，上述分类并不是唯一和严格的。例如，80C51 类单片机既是通用型又是总线型，还可以作工控型用。

与普通的微型计算机相比，单片机主要具有以下特点：

（1）体积小、结构简单、可靠性高。

单片机把各功能部件集成在一个芯片上，内部采用总线结构，减少了各芯片之间的连线，大大提高了单片机的可靠性与抗干扰能力[171]。另外，其体积小，对于强磁场环境易于采取屏蔽措施，适合在恶劣环境下工作。

（2）控制能力强。

单片机虽然结构简单，但是它"五脏俱全"，具备了足够的控制功能[172]。单片机具有较多的 I/O 口，CPU 可以直接对 I/O 进行算术操作、逻辑操作和位操作，指令简单而丰富。所以单片机也是"面向控制"的计算机。

（3）低电压、低功耗。

单片机可以在 2.2 V 的电压下运行，有的也能在 1.2 V 或 0.9 V 下工作；功耗降至 μA 级，一颗纽扣电池就可供其长期使用。

（4）优异的性能/价格比。

由于单片机构成的硬件结构简单、开发周期短、控制功能强、可靠性高，因此，在达到同样功能的条件下，用单片机开发的控制系统比用其他类型的微型计算机开发的控制系统价格更便宜。

4. 树莓派

树莓派是微型卡片式电脑（见图 6 - 6），体积只有银行卡大小，可以加载 Linux 系统和 Windows IOT 系统，然后可以运行这些系统之上的应用程序，可以应用于嵌入式和物联网领域，也可以作为小型的服务器，完成一些特定的功能[173]。

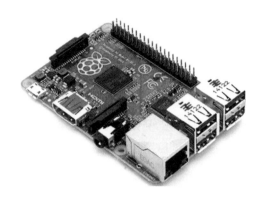

图 6 - 6　树莓派控制器

与嵌入式微控制器（常见的 51 单片机和 STM32）相比，除了可以完成相同的 IO 引脚控制之外，因为运行有相应的操作系统，可以完成更复杂的任务管理与调度，能够支持更上层应用的开发，为开发者提供了更广阔的应用空间。比如开发语言的选择不仅仅只限于 C 语言，连接底层硬件与上层应用，可以实现物联网的云控制和云管理，也可以忽略树莓派的 IO 控制，使用树莓派搭建小型的网络服务器，做一些小型的测试开发和服务。

与通用的 PC 平台相比，树莓派提供的 IO 引脚可以直接控制其他的底层硬件，这是通用 PC 做不到的，同时它的体积更小，成本更低，同样可以完成一些 PC 任务与应用。

所谓成也萧何败也萧何，树莓派的最大优势同时也是自身的短板，它提供了比嵌入式微控制器更多选择与应用的同时，牺牲了自己的性能优势，可能只是完成一个很小的 IO 控制功能却要运行一个庞大的操作系统作为支撑，显得有些得不偿失，它比通用的 PC 平台体积小、成本低，但是在性能上却无法与 PC 相比，无法完成复杂的计算应用。

事物一般都具有两面性，人们要做的是充分发挥其有利的一面。为什么选择树莓派，适合才是最重要的，在嵌入式和物联网开发中，如果需要开发板提供 IO 引脚控制，同时又需要在操作系统层面进行应用控制开发，那么树莓派就是最合适的。另外，树莓派作为小型的网络应用服务器也是非常具有应用价值的。

5. DSP

数字信号处理器（Digital Signal Processor，DSP，见图 6 - 7）是一种独特的微处理器，它采用数字信号来处理大量信息[174]。工作时，它先将接收到的模拟信号转换为 0 或 1 的数字信号，再对数字信号进行修改、删除、强化，并在其他系统芯片中把数字数据解译回模拟数据或实际环境格式。DSP 不仅具

图 6 - 7　DSP 处理器

有可编程性，而且其实时运行速度极快，可达每秒数以千万条复杂指令程序，远远超过通用微处理器的运行速度，是数字化电子世界中重要性日益增加的电脑芯片。强大的数据处理能力和超高的运行速度是其最值得称道的两大特色。超大规模集成电路工艺和高性能数字信号处理器技术的飞速发展使得机器人技术如虎添翼，将得到更好的发展。

（1）DSP 的特点。

DSP 的内部采用程序和数据分开的哈佛结构，具有专门的硬件乘法器，广泛采用流水线操作模式，提供特殊的 DSP 指令，可以用来快速实现各种数字信号处理算法。根据数字信号处理的相关要求，DSP 芯片一般具有如下特点：

①在一个指令周期内可完成一次乘法和一次加法；

②程序和数据空间分开，可以同时访问指令和数据；

③片内具有快速 RAM，通常可通过独立的数据总线在两块中同时访问；

④具有低开销或无开销循环及跳转的硬件支持；

⑤具有快速中断处理和硬件 I/O 支持功能；

⑥具有在单周期内操作的多个硬件地址产生器；

⑦可以并行执行多个操作；

⑧支持流水线操作，使取指、译码和执行等操作可以重叠进行。

（2）DSP 的驱动外设。

DSP 使用外设的方法与典型的微处理器有所不同，微处理器主要用于控制，而 DSP 则主要用于实时数据的处理。它通过提供采样数据的持续流迅速地从外设移至 DSP 核心实现优化，从而形成了与微处理器在架构方面的差异。

目前，TI（德州仪器）公司出产的 DSP 应用十分广泛，并且随着 DSP 功能越来越强、性能越来越好，其片上外设的种类及应用也日趋复杂。DSP 程序开发包含两方面内容：一是配置、控制、中断等管理 DSP 片内外设和接口的硬件相关程序；二是基于应用的算法程序。在 DSP 这样的系统结构下，应用程序与硬件相关程序结合在一起，限制了程序的可移植性和通用性。但通过建立硬件驱动程序的合理开发模式，可使上述现象得到改善。硬件驱动程序最终以函数库的形式被封装起来，应用程序则无须关心其底层硬件外设的具体操作，只需通过调用底层程序，驱动相关标准的 API 与不同外设接口进行操作即可。

（3）DSP 的编程语言。

DSP 本质上是一个非常复杂的单片机，使用机器语言和汇编语言进行编程的难度很大，开发周期也比较漫长，所以一般选用高级语言为 DSP 编程。一般而言，C 语言是人们的首选。为编译 C 代码，芯片公司推出了各自的开发平台以供开发者使用。例如 TI 公司出产的 DSP 采用 CCS 开发平台（图 6－8）；ADI 公司出产的 DSP 则采用了 VDSP＋＋开发平台（图 6－9）。

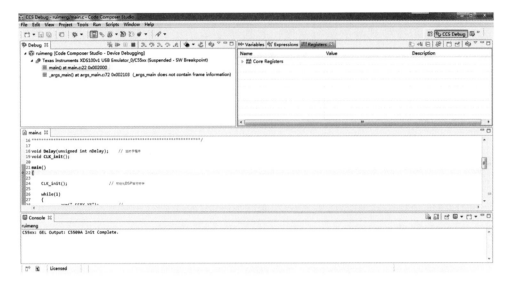

图 6 – 8　CCS 开发平台

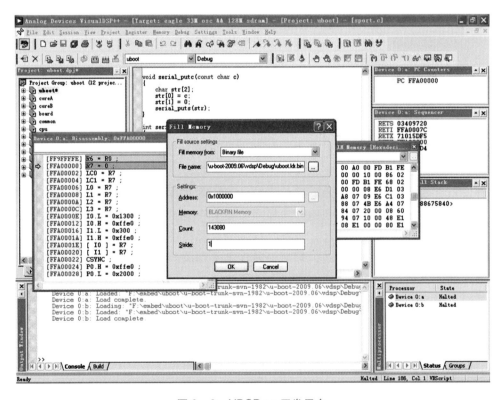

图 6 – 9　VDSP ++ 开发平台

综合考虑控制能力和经济条件，本文研制的仿鱼机器人采用 STM32 单片机作为控制系统的核心芯片。

6.1.3 仿鱼机器人的神经系统

机器人要想准确感知和实时察觉自身内部情况和外部环境信息，就必须借助于"电五官"——传感器，那什么是传感器呢？

1. 传感器的定义

传感器（transducer/sensor）是一种检测装置，它能感受到被测量的信息，并能将感受到的信息按一定规律变换成电信号或其他所需形式的信息输出，以满足信息在传输、处理、存储、显示、记录和控制等方面的要求[175]。

传感器是实现自动检测和自动控制的关键因素。使用了传感器，就让物体拥有了触觉、味觉、嗅觉、力觉、滑动觉、接近觉，就让物体变得活了起来。根据传感器的基本感知功能，可将其分为热敏元件、光敏元件、气敏元件、力敏元件、磁敏元件、湿敏元件、声敏元件、放射线敏感元件、色敏元件和味敏元件等传感器。

2. 传感器的分类

机器人使用的传感器通常包括视觉、听觉、触觉、力觉和接近觉五大类[176]。人的感觉可分为内部感觉和外部感觉，与之类似，机器人所用传感器也可分为内部传感器和外部传感器。机器人内部传感器主要用来测量运动学和动力学参数，使机器人能够按照规定的位置、轨迹和速度等参数进行工作，感知自身状态并加以调整和控制。位置传感器（见图6-10）、角度传感器（见图6-11）、速度传感器（见图6-12）和加速度传感器（见图6-13）都可作为机器人的内部传感器使用。机器人外部传感器主要用来检测机器人所处环境及目标的状况，如对象是什么物体？机器人离物体的距离有多远？机器人抓取的物体是否会滑落？它们帮助机器人准确了解外部情况，促使机器人与环境发生交互作用，并使机器人对环境具有自校正和自适应的能力。视觉传感器（见图6-14）、听觉传感器（见图6-15）、触觉传感器（见图6-16）和接近觉传感器（见图6-17）都可作为机器人的外部传感器使用。

图 6-10　位置传感器

图 6-11　角度传感器

图 6 - 12　速度传感器

图 6 - 13　加速度传感器

图 6 - 14　视觉传感器

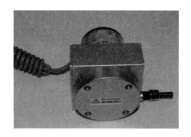

图 6 - 15　听觉传感器

图 6 - 16　触觉传感器

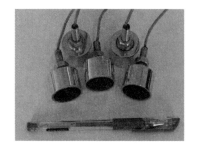

图 6 - 17　接近觉传感器

　　简而言之，机器人的外部传感器就是具有人类五官感知能力的传感器。为了检测作业对象及环境状况或机器人与它们的关系，人们在机器人上安装了视觉传感器、听觉传感器、触觉传感器、接近觉传感器，等等，大大改善了机器人的工作状况，使其能够更为出色地完成复杂工作。

3. 传感器的基本组成

　　传感器一般由敏感元件、转换元件、变换电路和辅助电源四部分组成，其具体组成如图 6 - 18 所示。

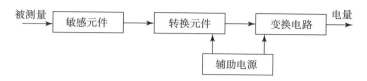

图 6 – 18　传感器的基本组成

在传感器中，敏感元件是指传感器能直接或间接感受被测量的部分；转换元件是指传感器中能将敏感元件感受到的被测量转换成适合于传输或测量的电信号部分；变换电路是指将电路参数量（如电阻、电容、电感）转换成便于测量的电量（如电压、电流、频率等）的电路部分；辅助电源是指为转换元件和转换电路供电的电源部分[177]。

敏感元件直接感受被测量，并输出与被测量有确定关系的物理量信号；转换元件将敏感元件输出的物理量信号转换为电信号；变换电路负责对转换元件输出的电信号进行放大调制；转换元件和变换电路一般还需要辅助电源供电。

4. 传感器的主要作用

人们为了从外界获取信息，必须借助于感觉器官。可是外部世界纷繁复杂，单靠人们自身的感觉器官就想在自然研究和科技创新方面大显身手，似乎心有余而力不足。为了适应或改善这种情况，就需要使用传感器。毫不夸张地说，传感器是人类五官功能的延长，故称之为电五官。

目前，人类社会已经进入了信息时代。在利用信息的过程中，首先要解决的问题就是要能够获取准确、可靠的信息，而传感器就是人们从生产、生活领域中获得准确、可靠信息的主要途径与重要手段[178]。

在现代工业生产尤其是自动化生产过程中，人们使用各种传感器来监视和控制生产过程中的各个参数，使设备工作在正常状态或最佳状态，并使产品达到最好的质量[179]。因此可以说，没有众多优良的传感器加盟，现代化生产也就失去了基础。

在基础学科的研究中，传感器的地位与作用更加突出。当前，现代科学技术已渗透进了许多新领域。例如，在宏观上要观察远到上千光年的茫茫宇宙，微观上要观察小到纳米级的粒子世界，纵向上要观察长达数十万年的天体演化，短到瞬间反应[180]。此外，还出现了对开拓新能源、新材料等具有重要作用的各种极端技术的研究，如超高温、超低温、超高压、超高真空、超强磁场、超弱磁场，等等。显然，要获取大量人类感官无法直接获取的信息，没有相应的传感器是不行的。基础科学研究的许多障碍，首先就在于对象信息的获取十分困难，而一些新机理和高灵敏度的检测传感器的出现，往往会导致该领域内疑难问题的突破。一些传感器的发展往往成了一些基础学科开发的先驱。

时至今日，传感器早已渗透进了工业生产、宇宙开发、海洋探测、环境保护、资源调查、医学诊断、生物工程、文物保护等极其广泛的领域[181]。人们有理由相信，从茫茫的太空到浩瀚的海洋，以及到各种复杂的工程系统，每一个现代化项目都离不开各种各样的传感器。

5. 传感器的发展特点

近年来，传感器正朝着微型化、数字化、智能化、多功能化、系统化、网络化的方向发展，这些特点给人们带来了更多的便利，它们不仅促进了传统产业的自我改造和更新换代，而且还可能建立新工业，发展新业态，从而成为21世纪新的经济增长点。

6. 传感器的主要特性

①传感器的静态特性。

传感器的静态特性是指针对静态的输入信号，传感器的输出量与输入量之间所具有的相互关系。因为这时输入量和输出量都和时间无关，所以它们之间的关系，即传感器的静态特性可用一个不含时间变量的代数方程来描述，或以一条以输入量为横坐标，以与其对应的输出量为纵坐标而画出的特性曲线来描述。表征传感器静态特性的主要参数有：线性度、灵敏度、迟滞、重复性、漂移分辨力及阈值等。

a. 线性度：指传感器输出量与输入量之间的实际关系曲线偏离拟合直线的程度。定义为在全量程范围内实际特性曲线与拟合直线之间的最大偏差值与满量程输出值之比[182]。

b. 灵敏度：它是传感器静态特性的一个重要指标。其定义为输出量的增量与引起该增量的相应输入量增量之比。

c. 迟滞：指传感器在输入量由小到大（正行程）及输入量由大到小（反行程）变化期间其输入输出特性曲线不重合的现象。对于同一大小的输入信号，传感器的正反行程输出信号大小不相等，这个差值称为迟滞差值。

d. 重复性：是指传感器在输入量按同一方向作全量程连续多次变化时，所得特性曲线不一致的程度。

e. 漂移：是指在输入量不变的情况下，传感器输出量会随着时间变化的现象。产生漂移的原因有两个方面：一是传感器自身结构参数的影响所致；二是周围环境（如温度、湿度等）的影响所致[183]。

f. 分辨力：当传感器的输入从非零值缓慢增加时，在超过某一增量后输出发生可观测的变化，这个输入增量称为传感器的分辨力，即最小输入增量。

g. 阈值：当传感器的输入从零值开始缓慢增加时，在达到某一值后输出发生可观测的变化，这个输入值称为传感器的阈值[184]。

②传感器的动态特性。

所谓动态特性是指传感器在输入变化时其输出的特性[185]。在实际工作中，传感器的动态特性常用它对某些标准输入信号的响应来表示。这是因为传感器对标准输入信号的响应容易用实验方法求得，并且它对标准输入信号的响应与它对任意输入信号的响应之间存在一定的关系，往往知道了前者就能推定后者。最常用的标准输入信号有阶跃信号和正弦信号两种，所以传感器的动态特性也常用阶跃响应和频率响应来表示。

7. 传感器的选型原则

要进行一个具体的测量工作，首先要考虑采用何种原理的传感器，这需要分析多方面的因素之后才能确定[186]。因为，即使是测量同一物理量，也有多种原理的传感器可供选用。哪一种原理的传感器更为合适，则需要根据被测量的特点和传感器的使用条件考虑以下一些具体问题：

①量程的大小；

②被测位置对传感器体积的要求；

③测量方式为接触式还是非接触式；

④信号的引出方法，有线或是非接触测量；

⑤传感器的来源，国产还是进口，或是自行研制。

在考虑上述问题之后就能确定选用何种类型的传感器，然后再考虑传感器的具体性能指标。

①灵敏度的选择。

在传感器的线性范围内，通常是希望传感器的灵敏度越高越好。因为只有灵敏度高时，与被测量变化对应的输出信号的值才比较大，有利于信号处理。但要注意的是，传感器的灵敏度越高，与被测量无关的外界噪声也容易混入，也会同时被放大系统放大，影响测量精度[187]。因此，要求传感器本身应当具有较高的信噪比，尽量减少从外界引入的干扰信号。

传感器的灵敏度有方向性。当被测量是单向量，而且对其方向性要求较高时，应选择其他方向灵敏度小的传感器；如果被测量是多维向量，则要求传感器的交叉灵敏度越小越好。

②频率响应特性的选择。

传感器的频率响应特性决定了被测量的频率范围，必须在允许频率范围内保持不失真。实际上传感器的响应总有延迟，希望延迟时间越短越好。传感器的频率响应越高，可测的信号频率范围就越宽。在动态测量中，应根据信号的特点（稳态、瞬态、随机等）确定响应特性，以免产生过大的误差。

③线性范围的选择。

传感器的线性范围是指输出与输入成正比的范围[188]。理论上讲，在此范围内，灵敏度保持定值。传感器的线性范围越宽，其量程越大，并能保证一定的测量精度。在选择传感器时，当传感器的种类确定以后首先要看其量程是否满足要求。但实际上，任何传感器都不能保证绝对的线性，其线性度也是相对的。当所要求测量精度比较低时，在一定的范围内，可将非线性误差较小的传感器近似看作线性的，这会给测量带来极大方便。

④稳定性的选择。

传感器使用一段时间后，其性能保持不变的能力称为稳定性[189]。影响传感器长期稳定性的因素除传感器本身的结构外，主要是传感器的使用环境。因此，要使传感器具有良好的稳定性，传感器必须要有较强的环境适应能力。在选择传感器之前，应对其使用环境进行调查，并根据具体的使用环境选择合适的传感器，或采取适当的措施，减小环境的影响。传感器的稳定性有定量指标，在超过使用期后，在使用前应重新对所用传感器进行标定，以确定传感器的性能是否发生变化。在某些要求传感器能长期使用而又不能轻易更换或重新标定的场合，所选用的传感器稳定性要求更严格，要能够经受住长时间的考验。

⑤精度的选择。

精度是传感器的一个重要性能指标，它是关系到整个测量系统测量精度的一个重要环节[190]。但传感器的精度越高，其价格就越昂贵。因此，传感器的精度只要满足整个测量系统的精度要求就可以，不必选得过高。这样就可以在满足同一测量目的的诸多传感器中选择比较便宜和简单的传感器[191]。如果测量目的是定性分析的，选用重复精度高的传感器即可，不宜选用绝对量值精度高的传感器；如果是为了作定量分析之用，必须获得精确的测量值，这时才需要选用精度等级能满足要求的传感器。

6.2 我的控制系统

6.2.1 控制系统总体介绍

本书研制的仿鱼机器人控制系统含控制模块、指示模块、感知模块、供电模块、通信模块和动力模块等六个部分，其系统组成如图 6 – 19 所示[192]。

1. 控制模块

该模块主要负责整个仿鱼机器人运动、感知的分析和控制工作。它主要由STM32 芯片、Flash 存储芯片、EEPROM 存储芯片、SRAM 存储芯片组成，并采用 SWD 下载模式。其中 STM32 芯片负责计算和分析，Flash 存储芯片用于存储大量实验或需要标定的数据，EEPROM 存储芯片用于存储一些掉电不准丢失且需要快速访问的数据，SRAM 存储芯片用于扩充实时存储内存。这几个芯片

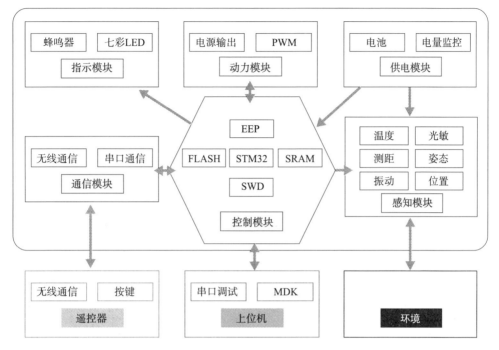

图 6-19 仿鱼机器人控制系统组成及各模块相互关系

通过协调配合，既能完成仿鱼机器人的运动控制，又能和上位机进行通信完成相关的调试工作。

2. 指示模块

该模块主要负责给操作人员提供指示信号，使操作人员知道仿鱼机器人的实时运行状态。它由一个蜂鸣器和两个七彩 LED 组成，用于发出事先规定好的声音和灯光信息。

3. 感知模块

该模块主要用于采集外界环境信息，为控制芯片提供控制依据。它由温度传感器、光敏传感器、测距传感器、姿态传感器、振动传感器和位置传感器等组成。这些传感器可分别实时采集当前环境温度、亮度、前方障碍物距离、当前姿态、振动信号和位置信号，使仿鱼机器人能够具备更多功能。

4. 供电模块

该模块的主要功能是为整个控制系统提供动力。它由电池和电源监控芯片组成，电池为供电来源，而电源监控芯片可以实时知道电源的电量情况，当电源快没电时可以提前预警。

5. 通信模块

该模块要负责与上位机和遥控器之间的通信，知道什么时刻要完成什么动作。它由无线通信和串口通信组成，无线通信负责和遥控器通信，而串口通信负责与上位机通信完成相关调试工作。

6. 动力模块

该模块负责驱动舵机运动，主要由电源输出端子和 PWM 波输出端子组成。其中，电源输出端子为舵机提供 VCC 和 GND 供电，PWM 波输出端子用于发出控制信号来控制舵机转动。

特别应当指出的是，控制模块采用了以 STM32 为主控芯片，相应制作出的仿鱼机器人控制系统的 PCB 板如图 6 – 20 所示。

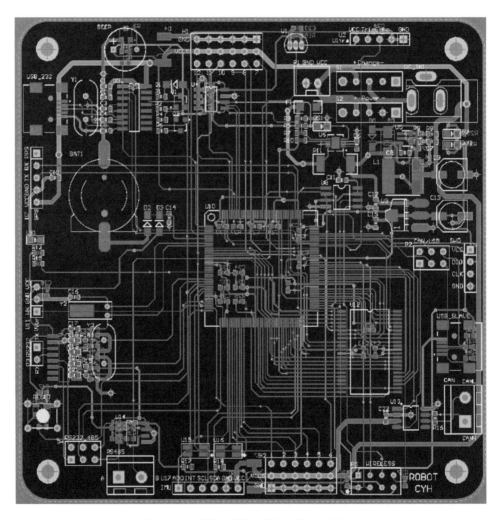

图 6 – 20　仿鱼机器人控制系统的 PCB 板

6.2.2 仿生机器人关键技术概述

1. Altium Designer 软件

Altium Designer 是原 Protel 软件开发商 Altium 公司推出的一体化电子产品开发系统（见图 6-21），运行环境为 Windows 操作系统[193]。该软件通过把原理图设计、电路仿真、PCB 绘制编辑、拓扑逻辑自动布线、信号完整性分析和设计输出等技术完美地融合在一起，为设计者们提供了全新的设计解决方案，使设计者可以轻松地进行设计工作，熟练使用这一软件将使电路设计的质量和效率大为提高。

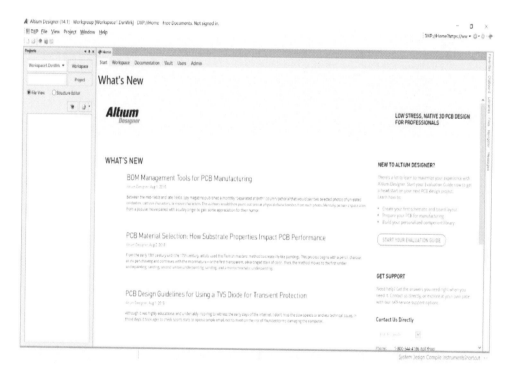

图 6-21 Altium Designer 软件

2. 控制器件

高级精简指令集机器（Advanced RISC Machine，ARM，见图 6-22）是一个 32 位精简指令集（RISC）的处理器架构，广泛用于嵌入式系统。ARM 开发板根据其内核可以分为 ARM7、ARM9、ARM11、Cortex - M 系列、Cortex - R 系列和 Cortex - A 系列，等等。其中，Cortex 是 ARM 公司出产的最新架构，Cortex - M 是面向微处理器用途的[194]；Cortex - R 系列是针对实时系统用途的；Cortex - A 系列是面向尖端的基于虚拟内存的操作系统和用户应用的。由于

ARM 公司只对外提供 ARM 内核，各大厂商在授权付费使用 ARM 内核的基础上研发生产各自的芯片，形成了嵌入式 ARM CPU 的大家庭。提供这些内核芯片的厂商有 Atmel、TI、飞思卡尔、NXP、ST、三星等。本书描述的仿鱼机器人使用的是 ST 公司生产的 Cortex – M3 ARM 处理器 STM32F103VCT6，其数据总线宽度为 32 bit；最大时钟频率为 72 MHz；程序存储器大小 512kB。类别为 ARM 微控制器 – MCU；制造商为 STMicroelectronic；核心为 ARM Cortex M3；其最小系统如图 6 – 23 所示。

图 6 – 22　STM32F103

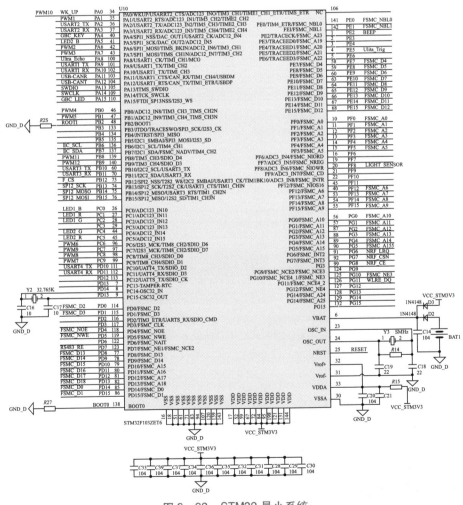

图 6 – 23　STM32 最小系统

（1）ARM 的特点。

ARM 内核采用精简指令集计算机（RISC）体系结构，是一个小门数的计算机，其指令集和相关的译码机制比复杂指令集计算机（CISC）要简单得多，其目标就是设计出一套能在高时钟频率下单周期执行的简单而高效的指令集[195]。RISC 的设计重点在于降低处理器中指令执行部件的硬件复杂度，这是因为软件比硬件容易提供更大的灵活性和更高的智能水平。因此 ARM 具备了非常典型的 RISC 结构特性。

①具有大量的通用寄存器；

②通过装载/保存（load – store）结构使用独立的 load 和 store 指令完成数据在寄存器和外部存储器之间的传送，处理器只处理寄存器中的数据，从而避免多次访问存储器；

③寻址方式非常简单，所有装载/保存的地址都只由寄存器内容和指令域决定；

④使用统一和固定长度的指令格式。

这些在基本 RISC 结构上增强的特性使 ARM 处理器在高性能、低代码规模、低功耗和小的硅片尺寸方面取得良好的平衡。

（2）ARM 的驱动外设。

ARM 公司只设计内核，将设计的内核卖给芯片厂商，芯片厂商在内核外自行添加外设。本节重点分析 STM32 的外设。

STM32 是一个性价比很高的处理器，具有丰富的外设资源。它的存储器片上集成着 32 ~ 512KB 的 Flash 存储器、6 ~ 64KB 的 SRAM 存储器，足够一般小型系统的使用；还集成着 12 通道的 DMA 控制器，以及 DMA 支持的外设[196]；片上集成的定时器中包含 ADC、DAC、SPI、IIC 和 UART；此外，它还集成着 2 通道 12 位 D/A 转换器，这属于 STM32F103xC、STM32F103xD 和 STM32F103xE 所独有的；最多可达 11 个定时器，其中有 4 个 16 位定时器，每个定时器有 4 个 IC/OC/PWM 或者脉冲计数器，2 个 16 位的 6 通道高级控制定时器，最多 6 个通道可用于 PWM 输出；2 个 16 位基本定时器用于驱动 DAC；支持多种通信协议，例如：2 个 IIC 接口、5 个 USART 接口、3 个 SPI 接口，两个和 IIS 复用、CAN 接口、USB 2.0 全速接口。

（3）ARM 的编程语言。

ARM 的体系架构采用第三方 Keil 公司 μVision 的开发工具（目前已被 ARM 公司收购，发展为 MDK – ARM 软件），用 C 语言作为开发语言，利用 GNU 的 ARM – ELF – GCC 等工具作为编译器及链接器，易学易用，它的调试仿真工具也是 Keil 公司开发的 Jlink 仿真器。Keil 的工作界面如图 6 – 24 所示[197]。

图 6 −24　Keil 工作界面

3. 存储器件

（1）EEPROM。

带电可擦写可编程读写存储器（Electrically Erasable Programmable Read Only Memory，EEPROM）是用户可更改的只读存储器（ROM），其可通过高于普通电压的作用来擦除和重编程（重写）[198]。不像 EPROM 芯片，EEPROM 不需从计算机中取出即可修改。在一个 EEPROM 中，当计算机在使用的时候可频繁地反复编程，因此 EEPROM 的寿命是一个很重要的设计参数。EEPROM 是一种特殊形式的闪存，通常是利用电脑中的电压来擦写和重编程。

仿鱼机器人采用了 AT24C016 芯片，存储空间为 16 MB，原理如图 6 −25 所示。

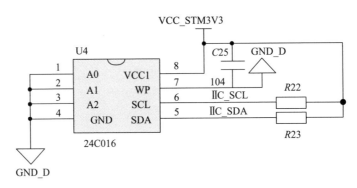

图 6 −25　EEPROM 原理图

（2）FLASH。

FLASH 存储器又称闪存，它结合了 ROM 和 RAM 的长处，不仅具备电子可擦除可编程（EEPROM）的性能，还不会断电丢失数据，同时也可以快速读取数据（NVRAM 的优势），U 盘和 MP3 里用的就是这种存储器[199]。在过去的 20 年里，嵌入式系统一直使用 ROM（EPROM）作为它们的存储设备，然而近年来 FLASH 全面代替了 ROM（EPROM）在嵌入式系统中的地位，用作存储引导文件以及操作系统或者程序代码或者直接当硬盘使用（U 盘）。

FLASH 存储器具有如下优点：

①与低读、写延迟和包含机械部件的磁盘相比，FLASH 存储器的读、写延迟较低；

②统一的读性能，寻道和旋转延迟的消除使得随机读性能与顺序读性能几乎一致；

③低能耗，能量消耗显著低于 RAM 和磁盘存储器；

④高可靠性，FLASH 存储器的 MTBF（mean time between failures）比磁盘高一个数量级；

⑤能适应恶劣环境，包括高温、剧烈震动等。

仿鱼机器人采用了 W25Q128 芯片，存储空间为 128 MB，原理图见图 6 - 26。

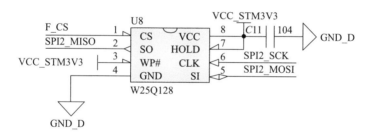

图 6 - 26　FLASH 原理图

（3）SRAM。

静态随机存取存储器（Static Random - Access Memory，简称 SRAM）是随机存取存储器的一种。所谓"静态"是指这种存储器只要保持通电，里面储存的数据就可以恒常保持。相比之下，动态随机存取存储器（DRAM）里面所储存的数据就需要周期性地更新[200]。然而，当电力供应停止时，SRAM 储存的数据还是会消失的（被称为 volatile memory），这与在断电后还能储存资料的 ROM 或闪存是不同的。SRAM 还有一个缺点，即它的集成度较低，相同容量的 DRAM 可以设计为较小的体积，但是 SRAM 却需要很大的体积，且功耗较大[201]。

SRAM 的基本特点为速度快，不必配合内存刷新电路，可提高整体的工作效率。本书研制的仿鱼机器人采用了 IS62WV51216 芯片，存储空间为 1 MB，原理图如图 6 – 27 所示。

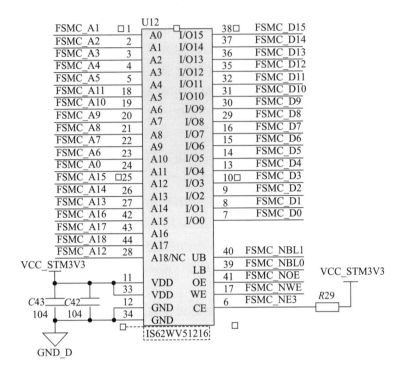

图 6 – 27　SRAM 原理图

4. 指示器件

（1）蜂鸣器。

蜂鸣器是一种一体化结构的电子讯响器，采用直流电压供电，广泛用于计算机、打印机、复印机、报警器、电子玩具、汽车电子设备、电话机、定时器等电子产品中作发声器件[202]。接通电源后，振荡器产生的音频信号电流通过电磁线圈，使电磁线圈产生磁场。振动膜片在电磁线圈和磁铁的相互作用下，周期性地振动发声[203]。

仿鱼机器人采用的蜂鸣器原理图如图 6 – 28 所示。

（2）七彩 LED。

LED 七彩灯是由三基色：红、绿、蓝组成。现在市面上分插件、贴片和大功率的三类。插件又分两脚和四脚的，两脚就自带驱动 IC，在接通电源后能自动变换颜色。四脚的就要外接驱动。贴片和大功率好像市面上还没有自带 IC 的，都要靠外部驱动才能变换颜色。

仿鱼机器人采用了两路七彩 LED，其原理图如图 6 – 29 所示。

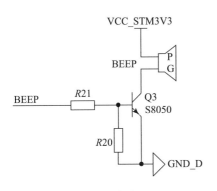

图 6-28 蜂鸣器原理图

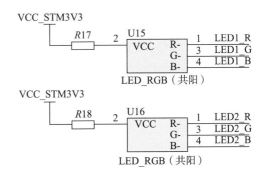

图 6-29 七彩 LED 原理图

5. 感知器件

（1）振动传感器。

振动传感器用于检测外界振动，按结构分类可分为相对式、电涡流式、电感式、电容式等[204]。

电动式传感器基于电磁感应原理，即当运动的导体在固定的磁场里切割磁力线时，导体两端就感生出电动势，因此利用这一原理而生产的传感器称为电动式传感器[205]。相对式电动传感器从机械接原理来说，是一个位移传感器，由于在机电变换原理中应用的是电磁感应定律，其产生的电动势同被测物振动速度成正比，所以它实际上是一个速度传感器。

电涡流传感器是一种相对式非接触式传感器，它是通过传感器端部与被测物体之间的距离变化来测量物体的振动位移或幅值的。电涡流传感器具有频率范围宽（0～10 kHz）、线性工作范围大、灵敏度高以及非接触式测量等优点，主要应用于静位移的测量、振动位移的测量、旋转机械中监测转轴的振动测量。

电感式传感器依据传感器的相对式机械接收原理，能把被测机械振动参数的变化转换成为电参量信号的变化。因此，电感式传感器有两种形式，一是可变间隙的，二是可变导磁面积的。

电容式传感器一般分为两种类型，即可变间隙式和可变公共面积式。可变间隙式可以测量直线振动的位移；可变面积式可以测量扭转振动的角位移。

仿鱼机器人采用常闭式振动传感器，其原理如图 6-30 所示。

（2）测距传感器。

①测距传感器的类型。

a. 超声波测距传感器。

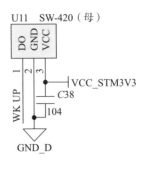

图 6 - 30　振动传感器

　　超声波测距传感器（见图 6 - 31）是机器人经常采用的传感器之一，用来检测机器人前方或周围有无障碍物，并测量机器人与障碍物之间的距离。超声波测距的原理犹如蝙蝠声波测物一样，蝙蝠的嘴里可以发出超声波，超声波向前方传播，当超声波遇到昆虫或障碍物时会发生反射，蝙蝠的耳朵能够接收反射回波，从而判断昆虫或障碍物的位置和距离并予以捕杀或躲避。超声波传感器的工作方式与蝙蝠类似，通过发送器发射超声波，当超声波被物体反射后传到接收器，通过接收反射波来判断是否检测到物体[206]。

　　b. 红外线测距传感器。

　　红外线测距传感器（如图 6 - 32）是一种以红外线为工作介质的测量系统，具有可远距离测量（在无发光板和反射率低的情况下）、有同步输入端（可多个传感器同步测量）、测量范围广、响应时间短、外形紧凑、安装简易、便于操作等优点，在现代科技、国防和工农业生产等领域中获得了广泛应用[207]。

图 6 - 31　超声波测距传感器　　　　图 6 - 32　红外线测距传感器

　　c. 激光测距传感器。

　　激光具有方向性强、单色性好、亮度高等许多优点，在检测领域应用十分广泛。1965 年，苏联的科学家们利用激光测量地球和月球之间的距离

（38 4401 km），误差只有 250 m。1969 年，美国宇航员登月后安置反射镜于月面，也用激光测量地月之间的距离，误差只有 15 cm[208]。

②测距传感器的工作原理。

a. 超声波测距传感器的工作原理。

超声波传感器测距是通过超声波发射器向某一方向发射超声波，并在发射超声波的同时开始计时，超声波在空气中传播时碰到障碍物就立即反射回来，超声波接收器收到反射波后就立即停止计时[209]。已知超声波在空气中的传播速度为 v，根据计时器记录的发射声波和接收回波的时间差 Δt，就可以计算出超声波发射点距障碍物的距离 S，即：

$$S = v \cdot \Delta t / 2 \tag{6-1}$$

上述测距方法即是所谓的时间差测距法。

需要指出，由于超声波也是一种声波，其声速 C 与环境温度有关。在使用超声波传感器测距时，如果环境温度变化不大，则可认为声速是基本不变的。常温下超声波的传播速度是 334 m/s，但其传播速度 v 易受空气中温度、湿度、压强等因素的影响，其中受温度的影响较大。如环境温度每升高 1℃，声速增加约 0.6 m/s。如果测距精度要求很高，则应通过温度补偿的方法加以校正。已知环境温度 T 时，超声波传播速度 v 的计算公式为：

$$v = 331.45 + 0.607T \tag{6-2}$$

在许多应用场合，采用小角度、小盲区的超声波测距传感器，具有测量准确、无接触、防水、防腐蚀、低成本等优点[210]。有时还可根据需要采用超声波传感器阵列来进行测量，可提高测量精度、扩大测量范围。图 6 – 33 所示为超声波传感器阵列，图 6 – 34 所示为搭载了超声波测距阵列的电动车。

图 6 – 33　超声波传感器阵列　　图 6 – 34　搭载了超声波测距阵列的电动小车

b. 红外线测距传感器的工作原理。

红外线测距传感器利用红外信号遇到障碍物距离的不同其反射的强度也不同的原理，进行障碍物远近的检测[211]。红外线测距传感器具有一对红外信号发射与接收的二极管，发射管发射特定频率的红外信号，接收管接收这种特定频率的红外信号，当红外信号在检测方向遇到障碍物时，会产生反射，反射回来的红外信号被接收管接收，经过处理之后，通过数字传感器接口返回到机器人主机，机器人即可利用红外的返回信号来识别周围环境的变化。需要说明的是，机器人在这里利用了红外线传播时不会扩散的原理，由于红外线在穿越其他物质时折射率很小，所以长距离测量用的测距仪都会考虑红外线测距方式。红外线的传播是需要时间的，当红外线从测距仪发出一段时间碰到反射物经过反射回来被接收管收到，人们根据红外线从发出到被接收到的时间差（Δt）和红外线的传播速度（C）就可以算出测距仪与障碍物之间的距离[212]。简言之，红外线的工作原理就是利用高频调制的红外线在待测距离上往返产生的相位移推算出光束渡越时间 Δt，从而根据 $D = (C \times \Delta t)/2$ 得到距离 D。

图 6 – 32 所示红外线测距传感器的型号为 GP2Y0A21YK0F，该传感器是由位置敏感探测集成单元（PSD）、红外发光二极管和信号处理电路组成，工作原理如图 6 – 35 所示，其测距功能是基于三角测量原理实现的（见图 6 – 36）。

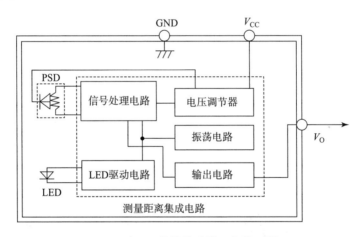

图 6 – 35　红外线传感器工作原理图

由图 6 – 36 可知，红外发射器按照一定的角度发射红外光束，当遇到物体以后，这束光会反射回来，反射回来的红外光束被 CCD 检测器检测到以后，会获得一个偏移值 L。在知道了发射角度 a、偏移距 L、中心距 X，以及滤镜的焦距 f 以后，传感器到物体的距离 D 就可以利用三角几何关系计算出来了[213]。

可以看到，当距离 D 很小时，L 值会相当大，可能会超过 CCD 的探测范围。这时虽然物体很近，但传感器反而看不到了。而当距离 D 很大时，L 值就会非常小。这时 CCD 检测器能否分辨得出这个很小的 L 值也难以肯定。换言之，CCD 的分辨率决定能不能获得足够精确的 L 值。要检测越远的物体，CCD 的分辨率要求就越高。由于采用的是三角测量法，物体的反射率、环境温度和操作持续时间等因素及而不太容易影响距离的检测精度。

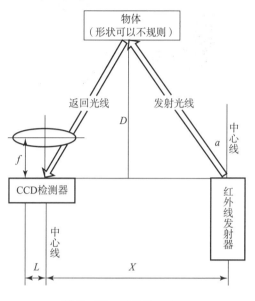

图 6 – 36　三角测量原理

红外线测距传感器可以用于测量距离、实现避障、进行定位等作业，广泛应用于移动机器人和智能小车等运动平台上。图 6 – 37 所示为一款装置了红外线测距传感器和超声波测距传感器的智能小车。

c. 激光测距传感器的工作原理。

激光测距传感器（见图 6 – 38）工作时，先由激光发射器对准目标发射激光脉冲，经目标反射后激光向各方向散射，部分散射光返回到激光接收器，被

图 6 – 37　装置红外线测距传感器和超声波测距传感器的智能小车

光学系统接收后成像到雪崩光电二极管上[214]。雪崩光电二极管是一种内部具有放大功能的光学传感器，因此它能检测到极其微弱的光信号。记录并处理从激光脉冲发出到返回被接收所经历的时间，即可测定目标的距离。需要说明的是，激光测距传感器必须极其精确地测定传输时间，因为光速太快，微小的时间误差也会导致极大的测距误差。该传感器的工作原理如图 6 – 39 所示。

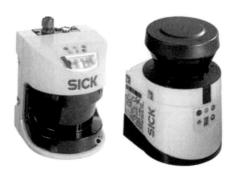

图 6-38　激光测距传感器

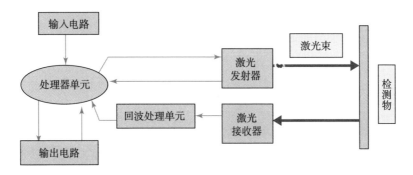

图 6-39　激光测距传感器的工作原理

（3）光敏传感器。

光敏传感器是最常见的传感器之一，它的种类繁多，主要有：光电管、光电倍增管、光敏电阻、光敏三极管、太阳能电池、红外线传感器、紫外线传感器、光纤式光电传感器、色彩传感器、CCD 和 CMOS 图像传感器等[215]。国内主要厂商有 OTRON 品牌等。光传感器是目前产量最多、应用最广的传感器之一，它在自动控制和非电量电测技术中占有非常重要的地位。最简单的光敏传感器是光敏电阻，当光子冲击接合处就会产生电流。

仿鱼机器人采用光敏传感器，其原理如图 6-40 所示。

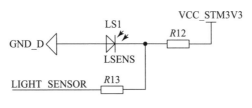

图 6-40　光敏传感器原理图

（4）姿态传感器。

姿态传感器在机器人的传感探测系统中经常会占有一席之地，它是机器人实现对自身姿态进行精确控制而必不可少的器件之一，地位不可小觑。目前，机器人技术领域使用的姿态传感器是一种基于 MEMS（微机电系统）技术的高性能三维运动姿态测量系统[216]。它包含三轴陀螺仪、三轴加速度计、三轴电子罗盘、MPU6050 等运动传感器，通过内嵌的低功耗 ARM 处理器得到经过温度补偿的三维姿态与方位等数据。利用基于四元数的三维算法和特殊的数据融合技术，实时输出以四元数、欧拉角表示的零漂移三维姿态方位数据。姿态传感器可广泛嵌入到航模、无人机、机器人、机械云台、车辆船舶、地面及水下设备、虚拟现实装备，以及人体运动分析等需要自主测量三维姿态与方位的产品或设备中。

要了解姿态传感器的工作原理，就应当先了解陀螺仪、加速度计等的结构特性与工作原理。

a. 三轴陀螺仪。

在一定的初始条件和一定的外力矩作用下，陀螺会在不停自转的同时环绕着另一个固定的转轴不停地旋转，这就是陀螺的旋进，又称为回转效应。陀螺旋进是日常生活中司空见惯的现象，人们耳熟能详的陀螺就是例子[217]。人们利用陀螺的力学性质所制成的各种功能的陀螺装置称为陀螺仪（Gyroscope），它在国民经济建设各个领域都有着广泛的应用。

陀螺仪（见图 6 – 41）是用高速回转体的动量矩来感受壳体相对惯性空间绕正交于自转轴的一个或两个轴的角运动检测装置。利用其他原理制成的能起同样功能作用的角运动检测装置也称陀螺仪。三轴陀螺仪可同时测定物体在 6 个方向上的位置、移动轨迹和加速度，单轴陀螺仪只能测量两个方向的量。也就是说，一个 6 自由度系统的测量需要用到 3 个单轴陀螺仪，而一个三轴陀螺仪就能替代三个单轴陀螺仪。三轴陀螺仪的体积小、重量轻、结构简单、可靠性好，在许多应用场合都能见到它的身影。

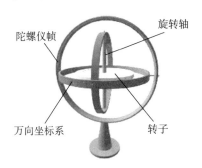

图 6 – 41　三轴陀螺仪

b. 三轴加速度计。

加速度传感器是一种能够测量加速力的电子设备。加速力就是物体在加速过程中作用在物体上的力，好比地球的引力[218]。加速力可以是常量，也可以是变量。加速度计有两种：一种是角加速度计，是由陀螺仪（角速度传感器）改进的；另一种是线加速度计。加速度计种类繁多，其中有一种是三轴加速度计（见图 6 - 42），它同样是基于加速力的基本原理去实现测量工作的。

图 6 - 42　三轴加速度计

学过物理的同学都知道，加速度是个空间矢量，了解物体运动时的加速度情况对控制物体的精确运动十分重要。但要准确了解物体的运动状态，就必须测得其在三个坐标轴上的加速度分量。另一方面，在预先不知道物体运动方向的情况下，只有应用三轴加速度计来检测加速度信号，才有可能帮助人们破解物体如何运动之谜。通过测量由于重力引起的加速度，人们可以计算出所用设备相对于水平面的倾斜角度；通过分析动态加速度，人们可以分析出所用设备移动的方式。加速度计可以帮助仿人机器人了解它身处的环境和实时的状态，是在爬山，还是在下坡，摔倒了没有。对于飞行机器人来说，加速度计在改善其飞行姿态的控制效果方面也极为重要[219]。

目前的三轴加速度计大多采用压阻式、压电式和电容式工作原理，产生的加速度正比于电阻、电压和电容的变化，通过相应的放大和滤波电路进行采集。这和普通的加速度计是基于同样的工作原理的，所以经过一定的技术加工，三个单轴加速度计就可以集成为一个三轴加速度计。

两轴加速度计已能满足多数应用设备的需求，但有些方面的应用还离不开三轴加速度计，例如在移动机器人和飞行机器人的姿态控制中，三轴加速度计能够起到不可或缺的作用，这是单轴或两轴加速度计所望尘莫及的。

c. MPU6050。

MPU6050 是美国 INVENSENCE 公司推出的一款组合有多种测量功能的传感器，具有低成本、低能耗和高性能的特点。该传感器首次集成了三轴陀螺仪和三轴加速度计，拥有数字运动处理单元（DMP），可直接融合陀螺仪和加速度计采集的数据。其集成的陀螺仪最大能检测 ± 2000°/s，其集成的加速度计最大能检测 ± 16g，最大能承受 10 000g 的外部冲击[220]。MPU6050 采用 I^{2}C 协议与主控芯片 STM32 进行通信，工作效率很高，其电路设计如图 6 - 43 所示。

图 6 - 43　MPU6050 的电路图

仿鱼机器人采用了 MPU6050，其原理图如图 6 - 44 所示。

（5）位置传感器。

利用 GPS 定位卫星在全球范围内实时进行定位、导航的系统，称为全球卫星定位系统，简称 GPS。GPS 是由美国国防部研制建立的一种具有全方位、全

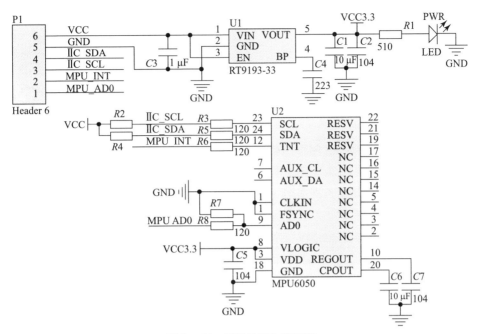

图 6 – 44　MPU6050 原理图

天候、全时段、高精度的卫星导航系统，能为全球用户提供低成本、高精度的三维位置、速度和精确定时等导航信息，是卫星通信技术在导航领域的应用典范，它极大地提高了地球社会的信息化水平，有力地推动了数字经济的发展[221 – 222]。

全球定位系统的主要特点是全球、全天候工作，定位精度高。单级定位精度优于 10 m，采用差分定位，精度可达厘米级和毫米级；功能多，应用广，因而 GPS 系统以高精度、全天候、高效率、多功能、操作简便、应用广泛等优点闻名于世。

GPS 的第一个优点是定位精度高，应用实践已经证明，GPS 相对定位精度在 50 km 以内可达 106 m，100 ~ 500 km 可达 107 m，1 000 km 可达 109 m。在 300 ~ 1500 m 工程精密定位中，1 小时以上观测的平面位置误差小于 1 mm，与 ME – 5000 电磁波测距仪测定的边长比较，其边长校差最大为 0.5 mm，校差中误差为 0.3 mm。

GPS 的第二个优点是观测时间短，随着 GPS 系统的不断完善，软件的不断更新，性能不断提高目前，20 km 以内相对静态定位，仅需 15 ~ 20 min；快速静态相对定位测量时，当每个流动站与基准站相距在 15 km 以内时，流动站观测时间只需1 ~ 2 min，然后可随时定位，每站观测只需几秒钟。

GPS 模块采用 U – BLOX NEO – 6M 模组（见图 6 – 45），体积小巧，性能优异。模块自带陶瓷天线及 MAXIM 公司 20.5dB 高增益 LNA 芯片。模块可通过串口进行各种参数设置，并可保存在 EEPROM，使用方便。模块自带 IPX 接口，可以连接各种有源天线，适应能力强。模块兼容 3.3 V/5 V 电平，方便连接各种单片机系统。模块自带可充电后备电池，可以掉电保持星历数据。

（6）温度传感器。

温度传感器是指能感受温度并转换成可用输出信号的传感器[223]。温度传感器是温度测量仪表的核心部分，品种繁多。按测量方式可分为接触式和非接触式两大类，按照传感器材料及电子元件特性分还可分为热电阻和热电偶两类。

图 6 - 45 GPS 模块

接触式温度传感器又称温度计，其检测部分与被测对象需要有着良好的接触。温度计通过传导或对流达到热平衡，从而使温度计的示值能直接表示被测对象的温度情况，一般测量精度较高。在一定的测温范围内，温度计也可测量物体内部的温度分布。但对于运动物体、小目标或热容量很小的对象则容易产生较大的测量误差。常用的温度计有双金属温度计、玻璃液体温度计、压力式温度计、电阻式温度计、热敏电阻和温差电偶等。它们广泛应用于工业、农业、商业等部门。在日常生活中人们也常常使用这些温度计。随着低温技术在国防工程、空间技术、冶金、电子、食品、医药和石油化工等部门的广泛应用和超导技术的研究，测量 120 K 以下温度的低温温度计得到了发展，如低温气体温度计、蒸汽压温度计、声学温度计、顺磁盐温度计、量子温度计、低温热电阻和低温温差电偶等。低温温度计要求感温元件体积小、准确度高、复现性和稳定性好。利用多孔高硅氧玻璃渗碳烧结而成的渗碳玻璃热电阻就是低温温度计的一种感温元件，可用于测量 1.6 ~ 300 K 范围内的温度。

非接触式的敏感元件与被测对象互不接触，又称非接触式测温仪表。这种仪表可用来测量运动物体、小目标和热容量小或温度变化迅速（瞬变）对象的表面温度，也可用于测量温度场的温度分布[224]。

仿鱼机器人采用的 DS18B20 温度传感器（其原理图如图 6 - 46 所示）是一种常用的数字温度传感器，其输出的是数字信号，具有体积小、精度高、硬件开销低、抗干扰能力强的特点。而且该温度传感器

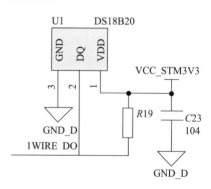

图 6 - 46 温度传感器原理图

接线方便，封装可有多种形式，如管道式、螺纹式、磁铁吸附式、不锈钢封装式，等等，可应用于多种场合[225]。

主要根据应用场合的不同而改变其外观封装后的 DS18B20 可用于电缆沟测温、高炉水循环测温、锅炉测温、机房测温、农业大棚测温、洁净室测温、弹药库测温等各种非极限温度场合。耐磨耐碰，体积小，使用方便，封装形式多样，适用于各种狭小空间设备数字测温和控制领域。

6. 能源器件

（1）电源。

舵机所用电池一般采用航模电池，锂离子聚合物电池制作工艺一般采用叠片软包装，所以用户要改变电池的尺寸十分灵活与方便，型号相对较多。相对以前的电池来说，锂离子聚合物电池能量高、小型化、轻量化，是一种化学性质的电池[226]。在形状上，锂聚合物电池具有超薄化特征，可以配合一些产品的需要，制作成一些特定形状与容量的电池。该类电池理论上的最小厚度可达 0.5 mm。主要应用于航模飞机系列玩具的锂电池，具有高倍率、安全等特点。

电池的电压是用伏特（V）来表示的。标称电压只是厂家按照国家标准标示的电压，实际使用时电池的电压是不断变化的。如镍氢电池的标称电压是 1.2 V，充电后电压可达 1.5 V，放电后的保护电压为 1.1 V；锂聚合物电池的标称电压是 3.7 V，充电后电压可达 4.2 V，放电后的保护电压为 3.6 V。在实际使用过程中，电池的电压会产生压降，这是和电池所带动的负载有关的，也就是说电池所带的负载越大，电流越大，电池的电压就越小，在去掉负载后电池的电压还可恢复到一定值。

电池的容量是用毫安时（mAh）来表示的。它的意思是电池以某个电流来放电能维持一小时，例如 1 000 mAh 就是这个电池能保持 1000 mA（1 安培）放电一小时[227]。但是电池的放电并非是线性的，所以不能说这个电池在 500 mA 时能维持 2 小时。不过电池在小电流时的放电时间总是大于大电流时的放电时间，所以可以近似的算出电池在其他电流情况下的放电时间。一般而言，电池的体积越大，它储存的电量就越多，但这样重量也会增加，所以选择合适的电池是有很多好处的。

电池的放电能力是以倍数（C）来表示的，它的意思是说按照电池的标称容量最大可达到多大的放电电流。例如一个 1 000 mAh、10C 的电池，最大放电电流可达 1 000 × 10 = 10 000（mA），即 10 A。在实际使用中，电池的放电电流究竟为多少是与负载电阻有关的。根据欧姆定理可知，电压等于电流乘电阻，所以电压和电阻是定数时，电池的放电电流也是一定的。例如使用 11.1 V、1 000 mAh、10C 的电池，而电动机的电阻是 1.5 Ω，那么在电池有 12 V 电的情况下，忽略电调和线路的电阻不计，电流等于 12 ÷ 1.5 = 8，结果是 8 A。常用的锂聚合物电池如图6-47所示。

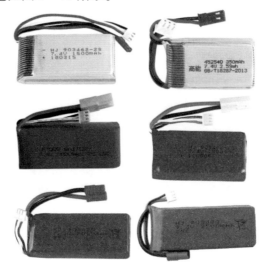

图6-47　锂聚合物电池

（2）电源电量监控电路。

仿鱼机器人由电池供电进行驱动，需要实时监测电池电量。一方面，要确保仿鱼机器人不会因供电不足而终止所要完成的任务；另一方面，应避免电池损伤内部电路。因此，设计电池电量检测电路，并设定电量检测阈值，是非常必要的。这样如果出现电池电量低于设定阈值的情况，则报警提示电池电量不足，提醒及时充电。

仿鱼机器人采用Linear公司出产的多节电池电量测量芯片LTC2943。该芯片输入电压范围较宽，可测量电池充电状态、电池电压、电池电流及其自身温度。检测电路如图6-48所示。

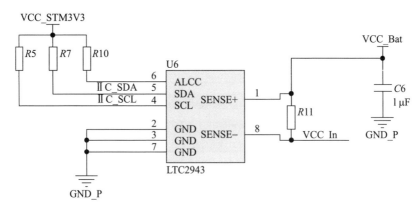

图6-48　电源电量监控电路

7. 通信技术

（1）蓝牙无线通信技术。

①蓝牙无线通信的工作原理。

蓝牙（Bluetooth）是一种开放的、低成本、短距离无线连接技术规范的代称，主要用于传送语音和数据。蓝牙技术作为一种便携式电子设备和固定式电子设备之间替代电缆连接的短距离无线通信的标准，具有工作稳定、设备简单、价格便宜、功率较低、对人体危害较小等特点[228]。它强调的是全球性的统一运作，其工作频率定在 2.45 GHz 这个为工业生产、科学研究、医疗服务等大众领域都共同开放的频段上，符号速率为 1 Mb/s，每个时隙宽度为 625 μs，采用时分双工（TDD）方式和高斯频移键控（GFSK）调制方式。蓝牙技术支持一个异步数据信道、三个并发的同步语音信道或一个同时传送异步数据和同步话音的信道。每一个话音信道支持 64 kb/s 的同步语音；异步信道支持最大速率为 57.6 kb/s 的非对称连接，或者是 432 kb/s 的对称连接[229]。系统采用跳频技术来抵抗信号衰落，使用快跳频和短分组技术减少同频干扰来保证传输的可靠性，并采用前向纠错（FEC）技术来减少远距离传输时的随机噪声影响。

蓝牙网络的基本单元是微微网，它可以同时最多支持 8 个电子设备，其中发起通信的那个设备称为主设备，其他设备称为从设备。一组相互独立、以特定方式连接在一起的微微网构成分布式网络，各微微网通过使用不同的调频序列来区分。蓝牙技术支持多种类型的业务，包括声音和数据，为将来的电器设备提供联网和数据传输的功能，它将使来自各个设备制造商的设备能以同样的"语言"进行交流，这种"语言"可以认为是一种虚拟的电缆。蓝牙的一般传输距离是 10 cm 到 10 m，如果提高功率的话，其传输距离则可扩大到 100 m。

②蓝牙无线通信的使用方式及技术特点。

蓝牙技术的一个优势在于它应用了全球统一的频率设定，消除了"国界"的障碍，而在蜂窝式移动电话领域，这种障碍已经困扰用户多年[230]。另外，蓝牙技术使用的频段是对所有无线电系统都开放的，因此使用时可能会遇到不可预测的干扰源，例如某些家电设备、无绳电话、微波炉等，都可能成为干扰源。为此蓝牙技术特别设计了快速确认和跳频方案以确保工作的稳定。跳频技术是把频带分成若干个跳频信道，在一次连接中，无线电收发器按一定的码序列不断地从一个信道跳到另一个信道，只有收发双方都按这个规律通信，而其他的干扰源不可能按同样的规律进行干扰。跳频的瞬时带宽很窄，但通过扩展频谱技术可将这个窄带成倍的扩展，使之变成宽频带，从而使可能干扰的影响变得很小。与其他工作在相同频段的系统相比，蓝牙跳频更快，数据包更短，这使蓝牙技术系统比其他系统工作更加稳定。

目前，蓝牙技术主要以满足美国 FCC（Federal Communications Commission，联邦通信委员会）要求为目标，对于其他国家的应用需求还要做一些适应性调整。蓝牙 1.0 规范已公布的主要技术指标和系统参数如表 6-1 所示。

表 6-1　蓝牙技术指标和系统参数

工作频段	ISM 频段：2.402 ~ 2.480 GHz
双工方式	全双工，TDD 时分双工
业务类型	支持电路交换和分组交换业务
数据速率	1 Mb/s
非同步信道速率	非对称连接 721 kb/s、57.6 kb/s、432.6 kb/s
同步信道速率	64 kb/s
功率	美国 FCC 要求小于 1 mW，其他国家可扩展为 100 mW
跳频频率数	79 个频点/MHz
跳频速率	1 600 次/s
工作模式	PARK/HOLD/SNIFF（停等/保持/呼吸）
数据连接方式	面向连接业务 SCO，无连接业务 ACL
纠错方式	1/3FEC，2/3FEC，ARQ（自动重传请求）
鉴权	采用反逻辑算术
信道加密	采用 0 位、40 位、60 位加密字符
语音编码方式	连续可变斜率调制
发射距离	一般可达 10 m，增加功率情况下可达 100 m

③蓝牙无线通信的信息处理。

蓝牙协议体系结构主要包括蓝牙核心协议（基带、LMP、L2CAP、SDP），串口仿真协议（RFCOMM）、电话传送控制协议（TCS），以及可选协议（PPP、TCP/IP、OBEX、WAP、IrMC）等。为了使远程设备上对应的应用程序能够实现互操作功能，蓝牙技术联盟（SIG）为蓝牙应用模型定义了完整的协议栈，如图 6-49 所示。

需要指出的是，并不是所有的应用程序都要利用上述全部协议。相反，应用程序往往只利用协议栈中的某些部分，并且协议栈中的某些附加垂直协议子集恰恰是用于支持主要应用的服务[231]。蓝牙技术规范的开放性保证了设备制

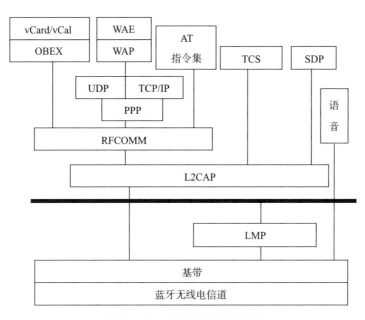

图 6 –49　蓝牙协议栈示意图

造商可以自由地选用其专利协议或常用的公共协议，在蓝牙技术规范的基础上开发出新的应用。

　　基于蓝牙技术的应用成果非常丰富，图 6 – 50 和图 6 – 51 展示了蓝牙技术的一些应用实例。

图 6 –50　基于蓝牙技术的环境智能管理系统

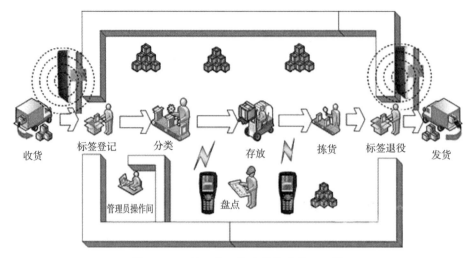

图 6 –51　基于蓝牙技术的物流管理系统

（2）超宽带无线通信技术。

①超宽带无线通信的工作原理。

无线通信技术是当前发展最快、活力最大的技术领域之一。这个领域中的各种新技术、新方法层出不穷[232]。其中，超宽带（Ultra Wide Band，UWB）无线通信技术是在 20 世纪 90 年代以后发展起来的一种具有巨大发展潜力的新型无线通信技术，被列为未来通信的十大技术之一。

随着无线通信技术的发展，人们对高速短距离无线通信的要求越来越高。UWB 技术的出现，实现了短距离内超宽带、高速的数据传输。其调制方式和多址技术的特点使得它具有其他无线通信技术所无法具有的一些优点，比如很宽的带宽、很高的数据传输速度，加上功耗低、安全性能高等特点，使之成为无线通信领域的宠儿[233]。

UWB 是指信号带宽大于 500MHz 或者是信号带宽与中心频率之比大于 25%。与常见的无线电通信方式使用连续的载波不同，UWB 采用极短的脉冲信号来传送信息，通常每个脉冲持续的时间只有几十皮秒到几纳秒的时间。这些脉冲所占用的带宽甚至高达几 GHz，因此其最大数据传输速率可高达几百 Mb/s。在高速通信的同时，UWB 设备的发射功率却很小，仅仅是现有设备的几百分之一，对于普通的非超宽带接收机来说近似于噪声。从理论上讲，UWB 可以与现有无线电设备共享带宽。所以，UWB 是一种高速而又低功耗的数据通信方式，有望在无线通信领域得到广泛的应用[234]。

TM – UWB（时间调制超宽带）最基本的单元是单脉冲小波，如图 6 – 52 所示，它是由高斯函数在时域中推导得出的，其中心频率和带宽依赖于单脉冲的宽度。实际上，空间频谱是由发射天线的带通和暂时响应特性决定的，时域编码、时域调制系统采用长序列单脉冲小波来进行通信，数据调制和信道分配是通过改变脉冲和脉冲之间的时间间隔进行的。另外，数据编码也可以通过改变脉冲的极性进行。

脉冲的发送如果以固定的间隔进行时，结果会导致频谱中包含一种不希望见到的由脉冲重复率分割的"梳状线"，而且梳状线的峰值功率将会限制总的传输功率。因此，为了平滑频谱，使频谱更接近噪声，而且能够提供信道选择，单脉冲利用伪噪声（PN）序列进行时域加扰，即在等于平均脉冲重复率的倒数时间间隔内，在 3 ns 精度内加载单脉冲，如图 6 – 53 所示，这是一个小波序列，或称为 NP 时域编码的"脉冲"串。

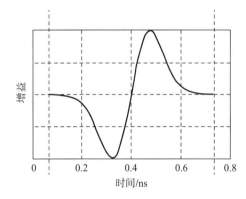

图 6 – 52　时域内的单脉冲小波　　图 6 – 53　时域内时域编码单脉冲小波序列

TM – UWB 系统通过脉冲位置进行调制，或通过脉冲的极性来进行调制。脉冲位置调制是在相对标准 PN 编码位置提前或晚 1/4 周期的位置上放置脉冲。调制进一步平滑了信号的频谱，使得系统更不容易被检测到，增加了隐蔽性。

②超宽带无线通信的使用方式及技术特点。

图 6 – 54 中显示了 TM – UWB 发射器的结构组成示意图。从图中可以发现 TM – UWB 发射器并不包含功率放大器，替代它的是一个脉冲发生器，它根据要求按一定的功率发射脉冲。可编程时延实现了 PN 时域编码和时域调制。另外，系统中的调制也可以用脉冲极性来实现。定时器的性能不仅能够影响到精确的时间调制和精确的 PN 编码，而且还会影响到精确的距离定位，是 TM – UWB 系统的关键技术。

如图 6 – 55 所示，TM – UWB 接收器把接收到的射频信号经放大后直接送到前端交叉相关器处理，相关器将收到的电磁脉冲序列直接转变为基带数字或模拟输出信号，没有中间频率范围，因而极大地减小了复杂度。TM – UWB 接收器的一个重要特点就是它的工作步骤相对简单，没有功放、混频器等，制作成本低，可以实现全数字化，采用软件无线电技术，还可实现动态调整数据率、功耗等。

UWB 技术相比其他通信技术还具有如下的技术特点：

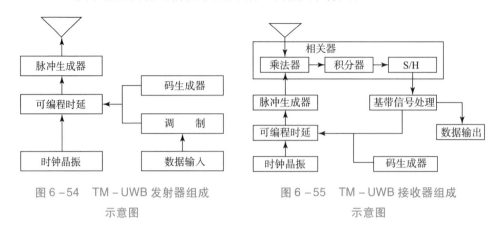

图 6-54　TM-UWB 发射器组成　　图 6-55　TM-UWB 接收器组成
　　　　示意图　　　　　　　　　　　　　　　　示意图

a. 隐蔽性。

无线电波在空间传播时的"公开性"是无线通信方式较之有线通信方式的"先天不足"。UWB 无线通信发射的是占空比很低的窄脉冲信号，脉冲宽度通常在 1 ns 以下，射频带宽可达 1 GHz 以上，所需平均功率很小，信号被隐蔽在环境噪声和其他信号中，难以被敌方检测[235]。这是 UWB 较常规无线通信方式最为突出的特点。

b. 简单性。

这里所说的简单性是指 UWB 无线通信的系统结构十分简单，无线通信技术使用的通信载波是连续的电波，载波的频率和功率在一定范围内变化，从而利用载波的状态变化来传输信息。而 UWB 则不使用载波，它通过发送纳秒级脉冲来传输数据信号。UWB 发射器直接用小型脉冲进行激励，不需要传统收发器所需要的上变频，从而不需要功用放大器与混频器，因此，UWB 允许采用非常低廉的宽频发射器。同时在接收端，UWB 的接收器也有别于传统的接收器，不需要中频处理，因此 UWB 系统结构比较简单。

c. 高速性。

UWB 以非常宽的频率带宽来换取高速的数据传输，并且不单独占用现在已经拥挤不堪的频率资源，而是共享其他无线技术使用的频带。在军事应用中，UWB 可以利用巨大的扩频增益来实现远距离、低截获率、低检测率、高安全性和高速的数据传输。

d. 增益性。

增益指信号的射频带宽与信息带宽之比。UWB 无线通信可以做到比目前实际扩谱系统高得多的处理增益[236]。例如，对信息带宽为 8 kHz、信道带宽为 1.25 MHz 的码分多址直接序列扩谱系统，其处理增益为 156（22 dB）；对于

UWB 系统，可以采用窄脉冲将 8 kHz 带宽的基带信号变换为 2 GHz 带宽的射频信号，处理增益为 250 000。

e. 分辨能力强。

由于常规无线通信中的射频信号大多为连续信号或其持续时间远大于多径传播时间，于是大量多径分量的交叠造成严重的多径衰落，限制了通信质量和数据传输速率。而 UWB 无线通信发射的是持续时间极短、占空比极低的脉冲，在接收端，多径信号在时间上能做到有效分离。发射窄脉冲的 UWB 无线信号，在多径环境中的衰落不像连续波信号那样严重。大量的实验表明，对常规无线电信号多径衰落深达 10 ~ 30 dB 的环境，对 UWB 无线通信信号的衰落最多不到 5dB。此外，由于脉冲多径信号在时间上很容易分离，可以极为方便地采用 Rake 接收技术，以充分利用发射信号的能量来提高信噪比，从而改善通信质量。

f. 传输速率快。

数字化、综合化、宽频化、智能化和个人化是无线通信技术发展的主要趋势。对于高质量的多媒体业务，高速率传输技术是必不可少的基础。从信号传播的角度考虑，UWB 无线通信由于能有效减小多径传播的影响而使其可以高速率传输数据。目前的演示系统表明，在近距离上（3 ~ 4 m），其传输速率可达 480 Mb/s。

g. 穿透能力强。

相关实验证明，UWB 无线通信具有很强的穿透障碍物的能力，有望填补常规超短波信号在丛林中不能有效传播的空白[237]。同时，相关实验还表明，适用于窄带系统的丛林通信模型同样适用于 UWB 系统，UWB 技术也能实现隔墙成像等。

基于 UWB 技术的应用成果非常丰富，图 6 - 56 所示为 UWB 技术的应用实例。

图 6 - 56　基于超宽带无线通信技术的地下采矿管理系统

（3）ZigBee 无线通信技术。

①ZigBee 无线通信的工作原理。

ZigBee 是一种近距离、低复杂度、低功耗、低速率、低成本的双向无线通信技术。主要用于距离短、功耗低且传输速率不高的各种电子设备之间进行数据传输以及典型的有周期性数据、间歇性数据和低反应时间数据传输的应用[238]。

人们通过长期观察发现，蜜蜂在发现花丛后会通过一种特殊的肢体语言来告知同伴新发现食物源的位置等相关信息，这种肢体语言就是 ZigZag 舞蹈，它是蜜蜂之间一种简单传达信息的方式。由于蜜蜂（bee）是靠飞翔和"嗡嗡"（zig）地抖动翅膀的"舞蹈"来向同伴传递信息，也就是说蜜蜂依靠这样的方式构成了群体的通信网络，于是人们借用 ZigBee 作为新一代无线通信技术的名称[239]。

简单而言，ZigBee 是一种高可靠性的无线传输网络，类似于码分多址（CDMA）和全球移动通信系统（GSM）网络。ZigBee 传输模块类似于移动网络基站，是一个由可多到 65 535 个无线传输模块组成的一个无线传输网络平台，在整个网络范围内，每一个 ZigBee 网络传输模块之间都可以相互通信，每个网络节点间的距离可以从标准的 75 m 到几百米、几千米，并且支持无限扩展。

ZigBee 是基于 IEEE802.15.4 标准的低功耗局域网协议。根据国际标准的规定，ZigBee 技术是一种短距离、低功耗的无线通信技术。其特点是近距离、低复杂度、自组织、低功耗、低数据速率。主要适用于自动控制和远程控制领域，也可以嵌入各种设备。简言之，ZigBee 就是一种便宜的、低功耗的近距离无线组网通信技术。ZigBee 协议从下到上分别为物理层（PHY）、媒体访问控制层（MAC）、传输层（TL）、网络层（NWK）、应用层（APL）等。其中物理层和媒体访问控制层遵循 IEEE802.15.4 标准的规定[240]。

与移动通信的 CDMA 网或 GSM 网不同的是，ZigBee 网络主要是为工业现场自动化控制数据传输而建立的，因而它必须具有体系简单、使用方便、工作可靠、价格低廉的特点。而移动通信网主要是为语音通信而建立的，每个基站价值一般都在百万元人民币以上，而每个 ZigBee "基站"花费却不到 1000 元人民币。每个 ZigBee 网络节点不仅本身可以作为监控对象，例如其所连接的传感器直接进行数据采集和监控，还可以自动中转别的网络节点传过来的数据资料。除此之外，每一个 ZigBee 网络节点（FFD）还可在自己信号覆盖的范围内，和多个不承担网络信息中转任务的孤立的子节点（RFD）进行无线连接。

②ZigBee 无线通信的使用方式及技术特点。

机器人通信可以采用 ZigBee 的星形结构。在该结构的网络中，充当网络协调器的机器人负责组建网络、管理网络，并对网络的安全负责[241]。它要存储网络内所有节点的设备信息，包括数据包转发表、设备关联表以及与安全有关的密钥等。当这类机器人受到某些触发时，例如内部定时器所定时间到了、外部传感器采集完数据、收到协调器要求答复的命令，就会向协调器传送数据。作为网络协调器的机器人可以采用有线方式和一台 PC 机相连，在 PC 机上存储网络所需的绑定表、路由表和设备信息，减小网络协调器的负担，提高网络的运行效率。

与其他无线通信方式相比，ZigBee 除复杂性低、对资源要求少以外，主要特点如下：

a. 功耗低。

ZigBee 的数据传输速率低，传输数据量小，其发射功率仅为 1 mW，且支持休眠模式[242]。因此，ZigBee 设备的节能效果非常明显。据估算，在休眠模式下，仅靠两节 5 号电池就可以维持一个 ZigBee 节点设备长达 6 个月到 2 年的使用时间。而在同样的情况下，其他设备如蓝牙仅能维持几周，比较而言，ZigBee 设备的功耗极低。

b. 成本低。

在智能家居系统中成本控制始终是一个重要的选项。ZigBee 协议栈十分简单，并且 ZigBee 协议是免收专利费的，这就大大降低了其芯片的成本。ZigBee 模块的初始成本在 6 美元左右，现在价格已经降低到几美分。低成本是 ZigBee 技术能够应用于智能家居系统中的一个关键因素。

c. 时延短。

ZigBee 设备模块的通信时延非常短，从休眠状态激活的响应时间非常快，典型的网络设备加入和退出网络时延只需 30 ms，休眠激活的时延仅需 15 ms，在非信标模式下，活动设备信道接入的时延为 15 ms。因此，ZigBee 非常适用于对时延要求苛刻的智能家居系统（例如安防报警子系统）。

d. 容量大。

Zigbee 可组建成星形、片形及网状的网络结构，在组建的网络中，存在一个主节点和若干个子节点，一个主节点最多可管理 254 个子节点；同时主节点还可被上一层网络节点管理，这样就能组成一个多达 65 000 个节点的大网络，一个区域内最多可以同时存在 100 个 ZigBee 网络，并且组建网络非常灵活。

e. 可靠性高。

ZigBee 采用多种机制为整体系统的数据传输提供可靠保证，在物理层采用抗干扰的扩频技术；在 MAC 层采用了碰撞避免机制，这种机制要求数据在完全确认的情况下传输，当有数据需要传输时则立即传输，但每个发送的数据包都必须等待接收方的确认信息，并采取了信道切换功能等，同时预留了专用时隙，以满足某些固定带宽的通信业务的需要，这样就能减少数据在发送时因竞争和冲突造成的丢包情况。

f. 安全性好。

ZigBee 提供了三级安全模式，分别为无安全设定级别、使用接入控制清单（ACL）防止非法获取数据级别以及采用最高级加密标准（AES128）的对称密码，并提供了基于循环冗余校验（CRC）的数据包完整性检查功能，且支持鉴权和认证，各个应用可以对其安全属性进行灵活确定。这样就能为数据传输提供较强的安全保障。

g. 工作频段灵活。

ZigBee 使用的频段分别为 2.4 GHz、868 MHz（欧洲），以及 915 MHz（美国），均为免执照的频段。

h. 自主能力强。

ZigBee 的网络节点能够自动寻找其他节点构成网络，并且当网络中发生节点增加、删除、变动、故障等情况时，网络能够进行自我修复，并对网络拓扑结构进行相应的调整，保证整个系统正常工作。

③ZigBee 无线通信的信息处理。

ZigBee 协议栈是一个多层体系结构，由 4 个子层组成。每一层都有两个数据实体，分别为其相邻的上层提供特定的服务，数据实体提供数据传输服务，管理实体则提供其他全部的服务，每个服务实体都有一个服务接入点（SAP），每个 SAP 都通过一系列的服务指令来为其上层提供服务接口，并完成相应的功能。

ZigBee 协议栈的体系结构如图 6-57 所示，是基于标准的（OSI）参考模型建立的，分别由 IEEE802 协会小组和 ZigBee 技术联盟两家共同制定完成。其中 IEEE802.15.4—2003 标准中对最下面的物理层（PHY）和介质接入控制子层（MAC）进行了定义。ZigBee 技术联盟提供了网络层和应用层（APL）框架的设计。其中应用层的框架包括了应用支持子层（APS）、ZigBee 设备对象（ZDO）和由制造商制定的应用对象。

在图 6-57 所示网络体系结构中，物理层由半双工的无线收发器及其接口组成，工作频率可以是 868 MHz、915 MHz 或者 2.4 GHz，它直接利用无线信道实现数据传输。媒体访问控制子层提供节点自身和其相邻的节点之间可靠的数据传输链路。其主要任务是实现传输数据的共享，并且提高节点通信的有效性。网络层在 MAC 层的基础上实现网络节点之间的可靠的数据传输，提供路由寻址、多跳转发等功能，并组建和维护星形、片形以及网状网络。对于那些没有路由功能的终端节点来说，仅仅具备简单的加入或者退出网络的功能而已。路由器的任务是发现邻近节点、构造路由表以及完成信息的转发。协调器具备组建网络、启动网络，以及为新申请加入的网络节点分配网络地址等功能。应用子层通过维护一个绑定表来实现将网络信息转发到运行在节点上的不同的应用终端节点，并在这些终端节点设备之间传输信息等。绑定表将设备能够提供的服务和需要的服务匹配起来。应用对象是运行在端点的应用软件，它具体实现节点的应用功能。ZigBee 体系结构在协议栈的 MAC 层、网络层和应用层之中提供密钥的建立、交换以及利用密钥对信息进行加密、解密处理等服务。各层在发送帧时按指定的加密方案进行加密处理，在接收时进行相应的解密。

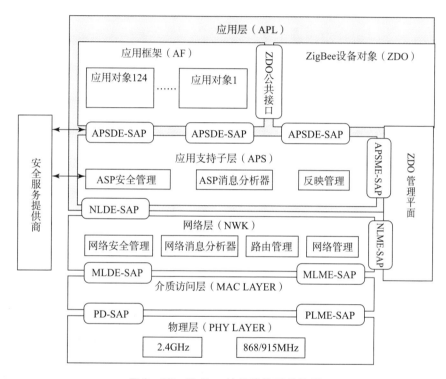

图 6 -57　ZigBee 协议栈体系结构图

目前，ZigBee 技术已在许多领域获得了广泛应用，图 6 – 58 和图 6 – 59 所示为 ZigBee 的应用实例。

（4）Wi – Fi 无线通信技术。

①Wi – Fi 无线通信技术的工作原理。

随着网络的普及，越来越多的人开始享受到了网络给自己带来的方便。但是上网地点的固定、上网工具不方便携带等问题，使人们对无线网络更加渴望[243]。而 Wi – Fi 技术的诞生，正好满足了人们的这种需求，也使得 Wi – Fi 技术越来越受到人们的关注。

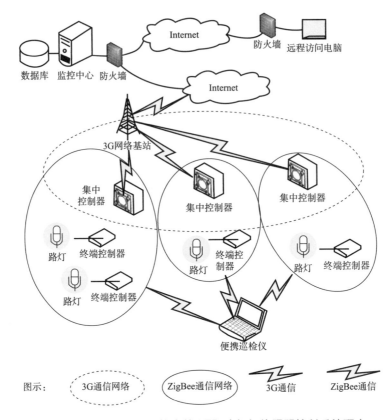

图 6 - 58 基于 ZigBee 技术的 LED 路灯智能照明控制系统研究

图 6 - 59 基于 ZigBee 技术的智能能源管理系统

所谓"Wi-Fi"其实就是 Wireless Fidelity 的缩写，意思就是无线局域网。它遵循 IEEE 所制定的 802.11x 系列标准，所以一般所谓的 802.11x 系列标准都属于 Wi-Fi。根据 802.11x 标准的不同，Wi-Fi 的工作频段也有 2.4 GHz 和 5 GHz 的差别。Wi-Fi 能够实现随时随地上网需求，也能提供较高速的宽带接入。当然，Wi-Fi 技术也存在着诸如兼容性和安全性等方面的问题，不过凭借着自身的一些固有优势，它占据着无线传输的主流地位。

②Wi-Fi 无线通信技术的使用方式及特点。

a. Wi-Fi 技术的应用方向。

（a）公众服务。

利用 Wi-Fi 技术为公众提供服务已经不算是一个新概念了。在美国，这叫做"Hotspot"服务，即热点服务，也就是说在热点地区，比如酒店、机场、休闲场所及会展中心等地方，利用 Wi-Fi 技术进行覆盖，为用户提供高速的宽带无线连接[244]。随着笔记本电脑和 PDA（掌上电脑）的普及，越来越多的商务人士希望在旅行的途中也可以上网。还有，在许多休闲场所，如咖啡馆和茶吧等地方，也有不少客人希望能够提供上网服务。Wi-Fi 的特性正好使之可以在这样的小范围内提供高速的无线连接。目前，国内大多数咖啡馆、机场候机室以及酒店大堂等公共场所，都进行了 Wi-Fi 覆盖，用户只要携带配有无线网卡的笔记本电脑或 PDA，就可以在这类区域无线上网。

（b）家庭应用。

Wi-Fi 家庭网关不仅可以提供无线连接功能，同时还可以承担共享 IP 的路由功能。最优的解决方案是选择一台 Wi-Fi 网关设备，覆盖到家庭的全部范围。只要安装一块无线局域网网卡，家里的电脑就可以连接因特网。这样一来，家里的网络就变得非常简单方便。台式机安装 USB 接口的网卡，可以摆放在房间的任何一个位置；笔记本电脑就更方便了，可以不受约束地移动到任何地方使用。

b. 大型企业应用。

一般说来，每个大型企业都已经有了一个成熟的有线网络，在这种情况下，无线局域网可以成为大型企业内部网络的一个延伸和补充。比如说对会议室进行无线覆盖，可以为参加会议的人员提供便利的网络连接，方便会议中的资料演示和文件交换。一部分大型企业，如思科（中国）等公司，它们的员工绝大部分都是使用笔记本电脑的，而且其工作的流动性很强。这时使用 Wi-Fi 技术覆盖，可以为这些用户提供无所不在的网络连接，提高他们的工作效率。

c. 小型办公环境。

很多小型公司不像大型企业那样具备完善的有线网络，对它们来说，需要建立一个自己内部的局域网[245]。这时就可以考虑使用 Wi-Fi 来实现办公室内的网络部署。只要在办公室内安装一个无线局域网的接入点（Access Point，AP），同时在每台电脑上安装一个无线网卡，就可以建立起公司自己的内部网络，快速地进入工作状态。如果企业需要搬家，无线局域网的全部设备也可以迅速地迁入新的工作地点投入使用；如果有新的员工加入企业当中，也可以迅速连接进入公司的内部网，帮助其快速了解公司的情况。正是由于 Wi-Fi 的便捷性能，如今国内越来越多的公司也开始在公司内部进行 Wi-Fi 的使用。

③Wi-Fi 无线通信的技术特点。

a. 安装便捷。

无线局域网免去了大量的布线工作，只需安装一个或多个无线访问点（AP），就可以覆盖整个建筑内的局域网络，而且便于管理和维护[246]。

b. 易于扩展。

无线局域网有多种配置方式，每个 AP 可以支持 100 多个用户的接入，只需在现有的无线局域网基础之上再增加 AP，就可以把几个用户的小型网络扩展成为拥有几百、几千个用户的大型网络[247]。

c. 高度可靠。

通过使用和以太网类似的连接协议和数据包确认方法，可以提供可靠的数据传送和网络带宽的有效使用。

d. 便于移动。

在无线局域网信号覆盖的范围内，各个节点可以不受地理位置的限制而进行任意移动。通常来说，其支持的范围在室外可达 300 m，在办公环境中可达 10~100 m。在无线信号覆盖的范围内，都可以接入网络，而且可以在不同运营商和不同国家的网络间进行漫游。

④Wi-Fi 无线通信的信息处理。

一般架设无线网络的基本配备就是无线网卡及一个 AP，如此便能以无线的模式，配合既有的有线架构来分享网络资源，其架设费用和复杂程度远远低于传统的有线网络[248]。如果只是供几台电脑使用的对等网，也可不要 AP，只需每台电脑配备无线网卡。AP 为 Access Point 简称，一般翻译为"无线访问接入点"，或"桥接器"。它主要在媒体存取控制层 MAC 中扮演无线工作站及有线局域网的桥梁。有了 AP，就像一般有线网络的 Hub 一般，无线工作站可以快速且轻易地与网络相连。特别是对于宽带的使用，Wi-Fi 技术更显优势，有线宽带网络（ADSL、小区 LAN 等）到户后，连接到一个 AP，然后在电脑中安装一块无线网卡即可。普通的家庭有一个 AP 已经足够，甚至用户的邻里得到授权后，无须增加端口，也能以共享的方式上网。

基于 Wi-Fi 技术的应用实例很多，在许多领域都能看到 Wi-Fi 的身影，图 6-60 显示了其中的一个例子。

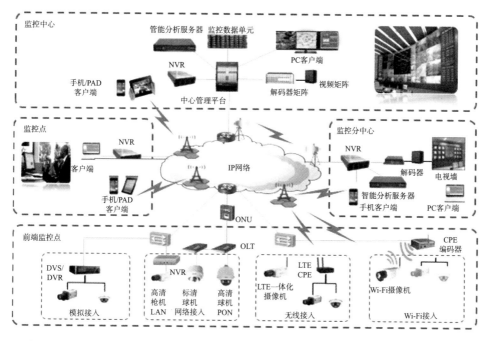

图 6 – 60　基于 Wi – Fi 技术的应用实例

NVR—网络硬盘录像机；ONU—光网络单元；OLT—光线路终端；LTE——一种网络制式；CPE——一种接收 Wi – Fi 信号的无线终端接入设备；DVR—数字视频录像机；DVS—数字视频编码器。

（5）2.4 GHz 无线通信技术。

①2.4 GHz 无线通信技术的工作原理。

2.4 GHz 无线通信技术是一种短距离无线传输技术，主要供开源使用。2.4 GHz 所指的是一个工作频段，2.4 GHz ISM（Industry Science Medicine）是全世界公开通用的无线频段，蓝牙技术即工作在这一频段。在 2.4 GHz 频段下工作可以获得更大的使用范围和更强的抗干扰能力，目前 2.4 GHz 无线通信技术广泛用于家用及商用领域。

②2.4 GHz 无线通信技术的使用方式及特点。

2.4 GHz 无线通信技术没有标准的通信协议栈，因此在整个协议的规划和设计时对产品的抗干扰性和稳定性等有着认真的考虑[249]。由于其与底层硬件的结构特征结合紧密，设计了物理层、链路管理层和应用层的三层结构。其中物理层和链路管理层的很多特性由硬件本身所决定。应用层则是通过使用划分信道子集的方式和跳频方式，有效防止了来自同类产品间信道的相互干扰和占用现象。同时，又通过对改进的 DSSS（扩展频谱）直接序列扩频方式和无DSSS 扩频两种通信方式的合理配置，实现了设备性能和抗干扰能力之间的平衡。

2.4 GHz 频段近年来日益受到重视，主要原因有三：首先，它是一个全球性使用的频段，开发的产品具有全球通用性；其次，它整体的频宽胜于其他 ISM 频段，这就提高了整体数据的传输速率，允许系统共存；再次，就是尺寸方面具有优势，2.4 GHz 无线通信设备和天线的体积相当小，产品体积也很小。这使它在很多时候都更容易获得人们的青睐。

③2.4 GHz 无线通信技术的信息处理。

2.4 GHz 无线通信技术的通信协议比蓝牙协议更简洁，能满足特定的功能需求，并加快产品开发周期、降低成本。整个协议分为 3 层：物理层，数据链路层和应用层。物理层包括 GFSK 调制和解调器、DSSS 基带控制器、RSSI 接收信号强度检测、SPI 数据接口和电源管理，主要完成数据的调制解调、编码解码、DSSS 直接序列扩频和 SPI 通信。数据链路层主要完成解包和封包过程。它主要有 2 种基本封包，即传输包和响应包，分别如图 6－61 和图 6－62 所示。

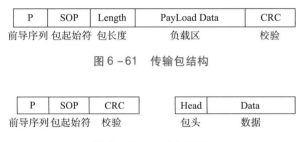

P	SOP	Length	PayLoad Data	CRC
前导序列	包起始符	包长度	负载区	校验

图 6－61　传输包结构

P	SOP	CRC
前导序列	包起始符	校验

Head	Data
包头	数据

图 6－62　响应包结构

图 6－61 中，前导序列用于控制包与包之间的传输间隔。SOP 用于表示包的起始，包长度说明整个包的大小，采用 16 位 CRC 校验。根据不同的应用设备，应用层有不同定义，比如在笔者完成的某计算机控制系统中，应用层就包括鼠标、键盘、控制器等。

每种类型的包在应用层协议中的用途不同。绑定包用于建立主控端和从属端之间一对一的连接关系。每个主控端最多有一个从属端，但一个从属端可以有多个主控端。连接包用于在主控端和从属端失去联系时，重新建立连接，相互更新最新的状态信息。

多数无线接收端只能和单一的主控端进行实时通信。为了与多个主控端同时进行连接，在从属端建立一对多的关系，需要进行有效的信道保护机制和数据接收机制，防止由于数据碰撞而导致无法正确接收数据。可以利用以下 2 种机制有效防止信道间的相互干扰。

a. 改进的直接序列扩频（DSSS）。

传统 DSSS 将需要发送的每个比特的数据信息用伪噪声编码（PNcode）扩

展到一个很宽的频带上，在接收端使用与发送端扩展所用相同的 PNcode 对接收到的扩频信号进行恢复处理，得到发送的数据比特。而改进的 DSSS 对每个字节进行直接扩频，极大提高了数据传输的速率，并确保只有在收发两端保持相同 PNcode 的情况下，数据才能被正确接收。若两端的 PNcode 不同，则传输的数据将被视为无效数据在物理层被丢弃。

　　b. 独立通信信道（Channel）机制。

　　CYRF6936 有 78 个可用的 Channel，每个 Channel 之间间隔 1 MHz，78 个可用信道被分成了 6 个子集。每个子集包含 13 个信道，每个子集中的信道间隔为 6 MHz。每种主控设备选择一个子集作为传输信道，即设备采用了不同子集中的不同信道，降低了相邻信道容易出现干扰的概率，减少了碰撞。所有设备都采用第 1 个子集的信道来建立 BIND 连接。

　　2.4 GHz 无线通信技术的应用成果极为丰富，图 6－63 展示了其在校园网建设中的功能与作用。

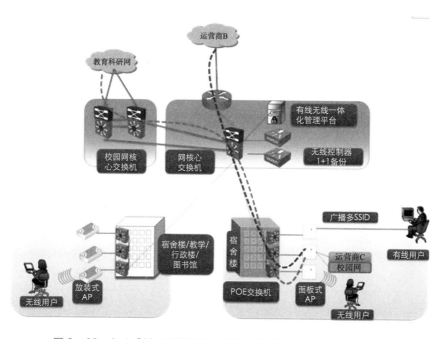

图 6－63　2.4 GHz 无线通信技术在校园网建设中的功能与作用

　　仿鱼机器人采用 NRF24L01 无线通信芯片，如图 6－64 所示。NRF24L01 是 NORDIC 公司生产的一款无线通信芯片，采用 FSK 调制，集成 NORDIC 自家的 Enhanced Short Burst 协议。可以实现点对点或是 1 对 6 的无线通信。无线通信速度最高可达到 2 Mb/s。

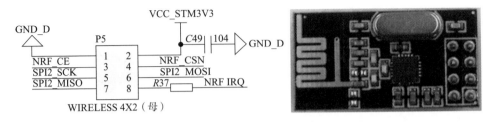

图 6－64　NRF24L01 原理图

（6）串口通信模块。

串行接口是一种可以将来自 CPU 的并行数据字符转换为连续的串行数据流并发送出去，同时还可将接收的串行数据流转换为并行的数据字符供给 CPU 的器件。一般将具有这种功能的电路称为串行接口电路[250]。

串口通信是指外设和计算机间通过数据信号线、地线、控制线等，按位进行数据传输的一种通信方式。这种通信方式使用的数据线少，在远距离通信中可以节约通信成本，但其传输速度比并行传输低。串口是计算机上一种非常通用的设备通信协议。大多数计算机（不包括笔记本电脑）包含两个基于 RS－232 的串口。串口同时也是仪器仪表设备通用的通信协议；很多通用接口总线（GPIB）兼容的设备也带有 RS－232 口。同时，串口通信协议也可以用于获取远程采集设备的数据。

串口通信的概念非常简单，串口按位（bit）发送和接收字节。尽管比按字节的并行通信慢，但是串口可以在使用一根线发送数据的同时而用另一根线接收数据。它很简单并且能够实现远距离通信。比如 IEEE488 定义并行通行状态时，规定设备线总长不得超过 20 m，并且任意两个设备间的长度不得超过 2 m；而对于串口而言，长度可达 1 200 m。串口用于 ASCII 码字符的传输[251]。通信使用 3 根线完成，分别是地线、发送、接收。由于串口通信是异步的，端口能够在一根线上发送数据同时在另一根线上接收数据。串口通信最重要的参数是波特率、数据位、停止位和奇偶校验。对于两个进行通信的端口，这些参数必须匹配。仿鱼机器人串口通信电路图如图 6－65 所示。

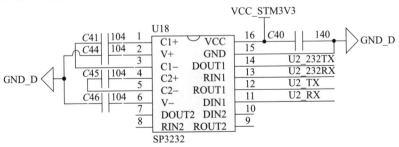

图 6－65　串口通信原理图

8. 舵机控制

舵机在小型仿生机器人身上得到了广泛使用，其外形如图 6-66 所示。舵机的内部包括一只小型直流电机、变速齿轮组、反馈可调电位器，以及电子控制板（舵机内部情况见图 6-67）。舵机主要是由外壳、电路板、电机、齿轮与位置检测器所构成。其工作原理是由接收机发出讯号给舵机，经由电路板上的 IC 判断转动方向，再驱动电机开始转动，通过减速齿轮将动力传至摆臂，同时由位置检测器送回讯号，判断是否已经到达指定位置[252]。

图 6-66　舵机

图 6-67　舵机内部结构

为了适合不同的工作环境，有的舵机进行了防水及防尘设计与处置；由于要应用不同的负载需求，所以舵机的齿轮有塑胶齿轮和金属齿轮之区分。装置着金属齿轮的舵机一般为大扭力和高速型，这样舵机就不会因为负载大、转速快而发生轮齿折断的现象。较高级的舵机还会装置滚珠轴承，使得转动时能够更加轻快精准。滚珠轴承有装一颗和装二颗的区别，当然是装二颗的比较好。目前新推出的 FET 舵机，主要是采用场效电晶体，因而具有内阻低的优点，所以电流损耗比一般的电晶体要少[253]。

伺服电机是一个典型的闭环反馈系统，其原理如图 6-68 所示。减速齿轮组由电机驱动，其输出端带动一个线性的比例电位器作位置检测，该电位器把转角坐标转换为比例电压反馈给控制线路板，控制线路板将其与输入的控制脉冲信号进行比较，产生纠正脉冲，并驱动电机正向或反向转动，使齿轮组的输出位置与期望值相符，令纠正脉冲最终趋于 0，从而达到使伺服电机精确定位的目的。

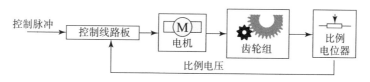

图 6-68　闭环控制原理

　　标准的伺服舵机有电源线、地线和控制线。电源线与地线用于提供内部的直流电机及控制电路所需的能源，电压通常介于 4～6 V 之间，该电源应尽可能与处理系统的电源隔离（因为伺服马达会产生噪声）。甚至小伺服电机在大负载时也会拉低放大器的电压，所以整个系统电源供应的比例必须合理。

　　伺服舵机引出的三条线中橙色线是控制线，应当连到控制芯片上。红色线是电源正极线，工作电压是 5 V。黑色线则是地线。

　　伺服舵机的控制端需输入周期性的正向脉冲信号，这个周期性脉冲信号的高电平时间通常在 1～2 ms 之间，而低电平时间应在 5～20 ms 之间，但并不十分严格。表 6－2 所示为一个典型的 20 ms 周期性脉冲的正脉冲宽度与微型伺服电机的输出臂在 180°范围内转动时与输入正脉冲宽度的对应关系。

表 6－2　输入正脉冲宽度与伺服电机输出臂位置对应表

输入正脉冲宽度（周期为 20 ms）	伺服电机输出臂位置
0.5ms	≈　－90°
1.0ms	≈　－45°
1.5ms	≈　　0°
2.0 ms	≈　45°
2.5ms	≈　90°

　　厂商所提供的舵机规格资料都会包含外形尺寸（mm）、扭矩（kg·cm）、速度（s/60°）、测试电压（V）及重量（g）等基本资料。扭矩的单位是

kg·cm，意思是在摆臂长度 1 cm 处，能吊起几 kg 重的物体。这就是力臂的观念，因此摆臂长度愈长，则扭矩愈小。转速的单位是 s/60°，意思是舵机转动 60°所需要的时间。

电压会直接影响舵机的性能，例如，Futaba S－9001 在 4.8 V 时扭矩为 3.9 kg·cm、转速为 0.22 s/60°；在 6.0 V 时扭矩为 5.2 kg·cm、转速为 0.18 s/60°。若无特别注明，JR 的舵机都是以 4.8 V 为测试电压，Futaba 则是以 6.0 V 作为测试电压。但是转速快、扭矩大的舵机，除了价格贵，还会伴随着耗电高的特点。因此使用高级舵机时，务必搭配高品质、高容量的镍镉电池，能提供稳定且充裕的电流，才可发挥舵机应有的性能。

伺服舵机转角在 0~180°，当高电平脉冲大于 2.5 ms，一般没有自我保护的舵机，都会使转角超出正常的范围，使内部直流电机处于堵转状态，一两分钟就会使舵机发烫，甚至烧坏舵机。使用时，尽量让舵机在－45°到 45°之间转动，在这个范围内舵机的转角也更精准。

舵机主要的性能参数包括：转速、扭矩、电压、尺寸、重量、材质和安装方式等[94]。人们在进行舵机选型设计时要综合考虑以上参数。

①转速。

转速由舵机在无负载情况下转过 60°角所需时间来衡量。舵机常见的转速一般在 0.11s~0.21s/60°之间[254]。

②扭矩。

也称扭力或转矩。舵机扭矩的单位是 kg·cm，可以理解为在舵盘上距舵机轴中心水平距离 1 cm 处，舵机能够带动的物体重量。

③电压。

舵机的工作电压对其性能有着重大的影响。推荐的舵机电压一般都是 4.8 V 或 6 V。有的舵机可以在 7 V 以上工作，比如 12 V 的舵机也不少。较高的电压可以提高舵机的速度和扭矩。选择舵机还需要看电源系统所能提供的电压。

④尺寸、重量和材质。

舵机功率（速度×扭矩）和舵机尺寸的比值可以理解为该舵机的功率密度。一般而言，同样品牌的舵机，功率密度大的价格高，功率密度小的价格低。究竟是选择塑料齿轮减速箱还是选择金属齿轮减速箱，要综合考虑使用扭矩、转动频率、重量限制等具体条件。采用塑料齿轮减速箱的舵机在大负荷使用时容易发生轮齿折断现象；采用金属齿轮减速箱的舵机则可能会因电机过热发生损毁或导致外壳变形。因此，齿轮减速箱材质的选择应当根据使用情况具体而定，并没有绝对的倾向，关键是使舵机的使用情况限制在设计规格之内。

表 6－3~表 6－6 列出了一些常见低成本舵机的主要参数。

表 6 – 3　辉盛 SG90（见图 6 – 69）主要参数一览表

最大扭矩	1. 6 kg·cm
转速	0. 12 s/60°（4. 8 V）；0. 10s/60°（6. 0 V）
工作电压	3. 5 ~ 6 V
尺寸	23 mm × 12. 2 mm × 29 mm
重量	9 g
材料	塑料齿
参考价格	10 元

表 6 – 4　辉盛 MG90S（见图 6 – 70）主要参数一览表

最大扭矩	2. 0 kg·cm
转速	0. 12 s/60°（4. 8 V）；0. 10 s/60°（6. 0 V）
工作电压	4. 8 ~ 7. 2 V
尺寸	22. 8 mm × 12. 2 mm × 28. 5 mm
重量	14 g
材料	金属齿
参考价格	15 元

图 6 – 69　辉盛 SG90 舵机

图 6 – 70　辉盛 MG90S 舵机

表 6 – 5　银燕 ES08MA（见图 6 – 71）主要参数一览表

最大扭矩	1. 5/1. 8 kg·cm
转速	0. 12 s/60°（4. 8 V）；0. 10s/60°（6. 0 V）
工作电压	4. 8 ~ 6. 0 V
尺寸	32 mm × 11. 5 mm × 24 mm
重量	8. 5 g
材料	塑料齿
参考价格	13 元

表 6 – 6　银燕 ES08MD（见图 6 – 72）主要参数一览表

最大扭矩	2.0/2.4 kg·cm
转速	0.10 s/60°（4.8 V）；0.08 s/60°（6.0 V）； 0.12 s/60°（4.8 V）；0.10 s/60°（6.0 V）
工作电压	4.8~6.0V
尺寸	32 mm×11.5 mm×24 mm
重量	12 g
材料	金属齿
参考价格	30 元

图 6 – 71　银燕 ES08MA 舵机

图 6 – 72　银燕 ES08MD 舵机

6.3　调整姿态，让我游一游

6.3.1　鱼类游动的秘密

　　1936 年，英国生物学家 James Gray 在探索鱼类游动秘密方面发表了一篇文章，主要是关于海豚研究的，文章发表后引起了轰动。众所周知，海豚虽然属于哺乳类动物，但它具有与鱼类相似的外形和相同的运动方式。James Gray 以海豚的身体作为计算模型来测算海豚在水中运动时的阻力，他假设海豚以每小时 20 节（1 节 = 1 海里/小时）的平均游速在水中游动，将计算所得的阻力乘以海豚每日游动的距离以获得海豚一天当中所做的功。同时，他还记录下海豚每日摄取的食物热量，并推算出海豚能够用于游动的能量。通过这些观察和计算，他得出了一个令人不可思议的结论，那就是海豚每天所做的功是其每日摄取食物热量的 7 倍之多，这与人们熟知的能量守恒定律相矛盾。

20 世纪 90 年代中期，美国 MIT 的 Triantafyllou 等学者设计了一种仿生金枪鱼，通过模拟方法来研究鱼类游动的秘密。他们将仿生金枪鱼放在水池中来回拖拽做阻力实验，当机器鱼摆动时就模拟"活"鱼，否则就是"死"鱼，根据两种情况测出输入效率，可以确定两者阻力的比值。结果表明：若"活"鱼处于低效游动时，其阻力会比"死"鱼大；当"活"鱼处于最佳范围巡游时，会比"死"鱼减少阻力 50%。

从流体理论方面的研究来看，任何处于流场中的物体都会造成一连串的尾随其后的旋转涡流，而同其他物体所不同的是，鱼类能够利用其鱼鳍的摆动制造涡流，并形成推进其前进的力量——射流（向后高速喷射出的水柱）。这些喷射出的涡流水柱在鱼类的推进上具有极为重要的作用，鱼类就是通过合理地运用这些射流来获得相当可观的推进效率。

鱼类能够具有如此高的推进效率主要缘于其尾鳍对其后部涡流的控制。尾鳍力量的增加使其后部涡流的强度也随之增加，这些涡流的旋转轴方向垂直于鱼前进的方向，所以形成有效推力的射流，平行于鱼前进的方向。

6.3.2 舵机控制鱼尾摆动

仿鱼机器人模型如图 6-73 所示，尾部由两个可以旋转 180° 的舵机组成，两个舵机协调配合完成尾鳍的摆动，在控制板的控制下击打水流，产生向前推进的旋涡。

图 6-73 仿鱼机器人三维模型图

组装成仿鱼机器人实物样机后，通过舵机控制完成其尾部摆动如图 6-74所示。

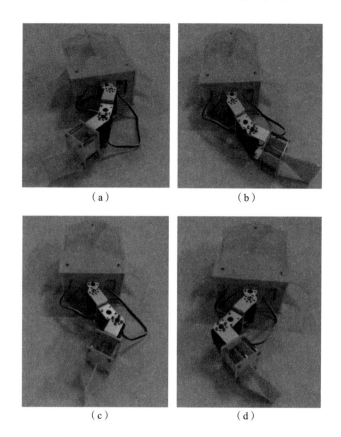

（a） （b）

（c） （d）

图 6 - 74　仿鱼机器人鱼尾摆动效果图

参 考 文 献

［1］紫龙. 军事新宠 生物伪装术［J］. 知识就是力量，2007（8）：60 – 61.

［2］马志杰. 特种兵必备技能之伪装与侦察技术［J］. 轻兵器，2014（11）.

［3］刘振江. 生物技术在军事领域中的应用［J］. 国防科技，2011，32（2）：18 – 20.

［4］止敬. 透视蚂蚁世界［J］. 科学24小时，2004（10）：29 – 30.

［5］苏春良. 动物通信妙无穷［J］. 初中生学习（低），2014（1）：60 – 60.

［6］马庆恒. 生物眼睛奥秘多［J］. 科技文萃，2004（11）：176 – 179.

［7］田明杰，王天珍，赵亮. 青蛙视信息加工生理数据的计算机分析［J］. 武汉理工大学学报（信息与管理工程版），2003，25（1）：55 – 57.

［8］于力鹏. 仿生设计在产品设计中的应用研究［D］. 上海：华东师范大学，2010.

［9］张元国. 动物感知靠秘技［J］. 科学24小时，2008（Z1）：11 – 12.

［10］许兰杰. 神奇的"生物钢"——仿蜘蛛丝纤维［J］. 江苏丝绸，2006（2）：6 – 8.

［11］冯岚清，刘艳君. 蜘蛛丝纤维及其在生产中的应用［J］. 江苏丝绸，2011（6）：36 – 38.

［12］梅士英. 纺织新材料及染整加工特性［C］. 日舒杯全国棉纺织、色织、印染产品开发年会，2005.

［13］林良明，胡东培，叶立英，等. 肌电控制假手的研究与发展［J］. 中国医疗器械杂志，1980（1）.

［14］徐斌. 基于脑电与肌电信号融合的多自由度手部动作识别研究［D］. 杭

州：杭州电子科技大学，2012.

[15] 罗志增，王人成．具有触觉和肌电控制功能的仿生假手研究［J］．传感技术学报，2005，18：23－27.

[16] 刘秀云．基于 EMG－KJA 神经肌骨动力学模型的下肢动作模式识别及运动轨迹预测［D］．天津：天津大学，2012

[17] 宋长安，于书江，周业成．光合作用与应用［J］．中国科技博览，2009（4）：176－177.

[18] 郭帅．基于混合地图表示的 SLAM 算法研究［D］．北京：中国科学院研究生院，2012.

[19] 纪姗姗．动态环境中移动机器人路径规划［D］．天津：天津工业大学，2012.

[20] 蔡自兴．机器人学［M］．北京：清华大学出版社，2000.

[21] 王树国，付宜利，哈尔滨．我国特种机器人发展战略思考［J］．自动化学报，2002，第 S1 期（增刊）：70－76.

[22] 阮长顺．新型骨修复材料可降解哌嗪基聚氨酯脲的研究［D］．重庆：重庆大学，2011.

[23] 李丽．仿生关节机构设计与理论研究［D］．南京：南京理工大学，2005.

[24] 黄有著．仿生形态与设计创新［J］．发明与革新，2001（4）：14－15.

[25] 姜娜．仿生设计在工业设计中的应用研究［D］．西安：陕西科技大学，2007.

[26] 张欣．仿生艺术设计及其美学［D］．武汉：武汉理工大学，2005.

[27] 姜晓童，张扬，周小儒．浅析生物形态在座椅仿生设计中的应用［J］．设计，2015（9）：22－23.

[28] 陈寿菊．现代工业设计理念及设计表达［D］．重庆：重庆大学，2005.

[29] 易艳丽．综合仿生设计在现代工业设计中的应用［J］．文艺生活旬刊，2011（8）：64－64.

[30] 田保珍．形态仿生设计方法研究［D］．西安：西安工程大学，2007.

[31] 张海燕，杜玉．产品设计中关于仿生设计的探讨［J］．中国新技术新产品，2011（17）：11－11.

[32] 许永生．产品造型设计中仿生因素的研究［D］．成都：西南交通大学，2016.

[33] 冯路．自然形态在建筑设计中的转换与应用［D］．大连：大连理工大学，2009.

[34] 白淑贤．动物充当邮差［J］．知识窗，2006（3）：36－36.

［35］崔荣荣．动物之"最"［J］．初中生辅导，2012（8）：38－41.

［36］吴国和．动物界的奥运选手［J］．数学大世界（上旬），2015（3）：8－9.

［37］杨柳青．有趣的动物建筑师［J］．绿化与生活，2012（10）：51－52.

［38］彩虹．卓越的建筑大师——蜜蜂［J］．小学阅读指南（高年级版），2003（5）：31－31.

［39］刘静．仿生建筑学在空间结构中的运用［D］．天津：天津大学，2006.

［40］陈娟，董继先．透析仿生设计在产品创意中的应用［J］．艺术与设计（理论），2010（12）：196－198.

［41］杨小峰．仿生建筑学研究［D］．青岛：青岛理工大学，2004.

［42］张明伟．基于仿生学的微扑翼飞行器控制技术研究［D］．西安：西北工业大学，2007.

［43］陈重威．来自动物的灵感［J］．今日中学生旬刊，2012（9）：37－40.

［44］韩吉辰．奇妙的冷光［J］．青少年科技博览，2002（Z1）：23－23.

［45］韩海荣．有趣的生物现象与仿生学的应用［J］．中学生物学，2008，24（10）：3－4.

［46］崔新忠，常诚，缪新颖．仿生机器人的发展与应用研究［J］．机器人技术与应用，2017（4）.

［47］毛琳波．基于仿生行为的多机器人协作运动规划［D］．上海：华东理工大学，2005.

［48］王立权．两栖仿生机器蟹模型建立与步行足协调控制技术研究［D］．哈尔滨：哈尔滨工程大学，2003.

［49］赵旖旒．灵长类仿生机器人运动控制研究［D］．哈尔滨：哈尔滨工业大学，2006.

［50］魏智．尺蠖型机器人机构与运动规划研究［D］．哈尔滨：哈尔滨工业大学，2003.

［51］宋红生，王东署．仿生机器人研究进展综述［J］．机床与液压，2012，40（13）.

［52］王丽慧，周华．仿生机器人的研究现状及其发展方向［J］．上海师范大学学报：自然科学版，2007（6）：58－62.

［53］武云慧．水生动物机器人脑控制技术的研究［D］．秦皇岛：燕山大学，2010.

［54］佚名．大马哈鱼：动物界的"记忆大师"［EB/OL］－科普中国http：//www.xinhuanet.com//science/2017－12/10/c_136808524.htm.2017.

［55］佚名．世界"鱼中之最"大盘点［EB/OL］．http：//mip.oh100.com/

baike/898619. html. 2017.

[56] 李艳霞. 动画运动规律及案例分析 [M]. 北京：中国水利水电出版社，2014.

[57] 俞经虎. 仿生机器鱼运动分析研究 [D]. 北京：中国科学技术大学，2004.

[58] 欧阳建军. 动画运动规律的本科教学研究 [D]. 武汉：武汉理工大学，2010.

[59] 焦宇鹏. 仿生机器鱼运动机理及水动力性能研究 [D]. 青岛：中国海洋大学，2015.

[60] 俞经虎，竺长安，朱家祥，等. 仿生机器鱼尾鳍的动力学研究 [J]. 系统仿真学报，2005，17（4）：947 – 949.

[61] 苏玉东，叶秀芬，郭书祥. 基于 IPMC 驱动的自主微型机器鱼 [J]. 机器人，2010，32（02）：262 – 270.

[62] 于凯. 形状记忆合金丝驱动的仿生鲫鱼设计与研究 [D]. 南京：南京航空航天大学，2016.

[63] 王扬威，于凯，闫勇程. BCF 推进模式仿生机器鱼的研究现状与发展趋势 [J]. 微特电机，2016，44（1）：75 – 80.

[64] 王扬威，于凯，闫勇程. BCF 推进模式仿生机器鱼的研究现状与发展趋势 [J]. 微特电机，2016，44（01）：75 – 80 + 89.

[65] 郭春钊. 基于鱼体肌肉模型的虚拟仿鱼机器人优化设计与仿真研究 [D]. 北京：中国科学技术大学，2007.

[66] 陈辉，于赛赛，洪定安，et al. 仿生机器鱼 [M]. 哈尔滨：哈尔滨工程大学出版社，2013.

[67] 刘凌云. 普通动物学 [M]. 3 版. 北京：高等教育出版社，1900.

[68] 仲明伟. 自行车机器人的嵌入式控制系统设计 [D]. 北京：北京邮电大学，2010.

[69] 张俊林. 循环式充电放电锂电池电化学特性研究 [D]. 湖南：湖南大学，2016.

[70] 张国安. 锂离子电池特性研究 [J]. 电子测量技术，2014，37（10）：41 – 45.

[71] 刘玉平. 锂离子电池正极材料 LiMnPO4 的制备及改性研究 [D]. 湘潭：湘潭大学，2013.

[72] 佚名. 电池"变形"之旅 [J]. 发明与创新（中学生），2015（10）：13 – 15.

[73] 老罗. 动力源泉，锂电池充电保养攻略 [J]. 电脑知识与技术（经验技

巧），2015（6）：98 – 100.

[74] 王惠．硅碳复合纳米材料与二氧化硅纳米材料的制备及其储锂性能研究
[D]．南京师范大学，2015.

[75] 李川江．锂离子电池健康智能评估方法研究 [D]．南京：南京航空航天
大学，2015.

[76] 钱伯章．聚合物锂离子电池发展现状与展望 [J]．国外塑料，2010，28
（12）：44 – 47.

[77] 张松慧．手机锂电池的特性及其充电方法 [J]．内江科技，2007，28
（7）：111 – 111.

[78] 李刚．康复机械手电机控制及电源系统研究 [D]．哈尔滨：哈尔滨工业
大学，2006.

[79] 彭碧．全自动锂电池电芯卷绕机张力与纠偏控制关键技术研究 [D]．武
汉：华中科技大学，2013.

[80] 刘玉平．硅/碳复合纳米材料的制备、表征及其储锂性能研究 [D]．湘
潭：湘潭大学，2014.

[81] 靳添絮．动力锂离子电池现状浅谈 [J]．新材料产业，2010（10）：72 –
74.

[82] 黄凯．锂离子电池成组应用技术及性能状态参数估计策略研究 [D]．天
津：河北工业大学，2016.

[83] 项良军．大容量动力型锂电池管理系统（BMS）研究 [D]．合肥：合肥
工业大学，2012.

[84] 钟强．锂离子电池原理介绍 [J]．中国化工贸易，2013（4）：429 – 429.

[85] 陈洪立．苯基 – POSS/PVDF 复合静电纺锂离子电池隔膜的制备与性能研
究 [D]．天津：天津工业大学，2018.

[86] 李振源．锂离子电池的发展应用分析 [J]．当代化工研究，2018，35
（11）：6 – 7.

[87] 杨洪．纯电动汽车锂电池组充电均衡技术的研究 [D]．郑州：郑州大
学，2012.

[88] 岳仁超，王艳．电池管理系统的设计 [J]．电器与能效管理技术，2010
（11）：31 – 34.

[89] 张俊林．循环式充电放电锂电池电化学特性研究 [D]．长沙：湖南大
学，2016.

[90] 潘俊晖．无人机蓄电池使用维护工艺技术 [J]．现代制造技术与装备，
2018，263（10）：173 – 174.

[91] 胡春姣．纯电动汽车锂离子电池模块设计及热特性分析 [D]．长沙：湖

南大学，2016.

[92] 葛先雷. 锂电池可充电特性分析及锂电池维护 [J]. 网友世界，2013（2）：42 – 43.

[93] 唐林. 聚合物锂离子电池组均衡充电技术的研究 [D]. 天津：天津大学，2014.

[94] 李婷. 多通道锂离子电池快速充、放电系统研究 [D]. 太原：中北大学，2008.

[95] 王金山. 数码摄像机的优良动力源——锂电池 [J]. 中国科技信息，2005（2）：11 – 11.

[96] 仲明伟. 自行车机器人的嵌入式控制系统设计 [D]. 北京：北京邮电大学，2010.

[97] 高虹，张爱黎. 军用锂离子电池及其电极材料的开发 [J]. 有色矿冶，2004，20（2）：39 – 42.

[98] 曹金亮，张春光，陈修强，et al. 锂聚合物电池的发展、应用及前景 [J]. 电源技术，2014，38（1）：168 – 169.

[99] 刘乔华. 电动汽车复合电源控制策略仿真研究 [D]. 长沙：长沙理工大学，2012.

[100] 王刚，刘胡炜. 移动电源的安全"命门" [J]. 质量与认证，2014（12）.

[101] 佚名. 锂电池铝塑膜产业链及下游应用领域分析 [EB/OL]. http：//baijiahao. baidu. com/s？id = 1598258520058279780&wfr = spider&for = pc. 2018.

[102] 胡骅. 混合动力源电动车和电动车的蓄电池 [J]. 世界汽车，2001（3）：21 – 24.

[103] 万晓航. 大容量锂电池充放电控制系统的研究 [D]. 东北大学，2012.

[104] 方佩敏. 聚合物锂离子电池及其应用 [J]. 电子世界，2006（9）：55 – 57.

[105] 邵强. 智能电池及其充放电管理系统 [D]. 郑州：郑州大学，2005.

[106] 郭雾方. 镍氢电池充电电源控制模式的研究 [D]. 哈尔滨：哈尔滨工业大学，2007.

[107] 孙杨. 镍氢串联电池组均衡充电技术的研究 [D]. 武汉：湖北工业大学，2010.

[108] 陶新红. 水文仪器设备电源系统的管理维护 [J]. 河南水利与南水北调，2017.

[109] 梁凯. 超快速充电电源研究与设计 [D]. 武汉：华中科技大学，2007.

[110] 刘贵春. 多仿生机器鱼协调控制的研究和设计 [D]. 北京：北方工业大

学，2007.

[111] 郭春钊．基于鱼体肌肉模型的虚拟仿鱼机器人优化设计与仿真研究
[D]．北京：中国科学技术大学，2007.

[112] 薛继鹏，张彦娇，麦康森，et al. 鱼类的体色及其调控 [J]．饲料工业，
2010（a01）：122－127.

[113] [英] R·D·贾尔德．动物生物学 [M]．北京：科学出版社．2000.

[114] 武云飞，姜国良，刘云．水生脊椎动物学 [M]．青岛：中国海洋大学
出版社，2001.

[115] 官源林．基于压电纤维复合材料的柔性仿生鱼尾研究 [D]．南京：南京
航空航天大学，2015.

[116] 孙维维．仿生机器鱼尾鳍推进系统的研究与设计 [D]．秦皇岛：燕山大
学，2009.

[117] 佚名．科普：鱼类的眼睛 [EB/OL]．https：//www. sohu. com/a/
206610513_ 99946183. 2017.

[118] 王庄林．神秘奇特的鱼类语言 [J]．职业教育（中旬刊），2012（5）：
40－41.

[119] 王联国．人工鱼群算法及其应用研究 [D]．兰州：兰州理工大学，
2009.

[120] Fan Z，Chen J，Zou J，et al. Design and fabrication of artificial lateral line
flow sensors [J]．Journal of Micromechanics and Microengineering，2002，
12（5）：655－661.

[121] 崔康．新型电化学传感器的研究 [D]．南昌：江西师范大学，2009.

[122] 纪季．基于功能纳米材料的生物传感器/反应器研究 [D]．上海：复旦
大学，2010.

[123] 李恒．SOLIDWORKS 2013 中文版基础 [M]．北京：清华大学出版社，
2013.

[124] 丁毓峰，盛频云．用 VisualC++ 6.0 开发 SOLIDWORKS 三维标准件库
[J]．计算机工程，2000，07 期：52－54.

[125] 小南，SOLIDWORKS B．SOLIDWORKS，设计界"圣路易斯精神"的践
行者 [J]．设计，2017（14）：91－94.

[126] 许茏．基于 SOLIDWORKS 典型机构仿真与机械产品 CAD/CAM/CAE 技
术研究 [D]．2012.

[127] 李立群．水切割机器人工件标定与作业规划方法研究 [D]．南京：东南
大学，2014.

[128] 汪海志．三维 CAD 系统 SOLIDWORKS 及其使用 [J]．湖北工业大学学

报，2002（2）：35－37.

[129] 孙翰英. 《数控加工原理》CAI 课件中仿真模块的开发［D］. 沈阳：东北大学，2003.

[130] 罗劲松. 浅谈工业设计中的 3D CAD［J］. 科技广场，2008（5）：18－20.

[131] 史金梅. 特征识别技术的研究及在不同 CAD 系统数据转换中的应用［D］. 北京航空航天大学，2004.

[132] 张旭旭. 基于软塑地层基坑开挖的高楼倒塌机理和防治研究［D］. 沈阳：东北大学，2011.

[133] 陈军. 新型亚克力材料的应用［J］. 室内设计与装修，2007（10）：110－115.

[134] 杨慧全. 基于亚克力材料的产品设计研究［J］. 机械设计，2014（2）：127－128.

[135] 白德安，营汉文，刘世君. 亚克力板的发展状况［J］. 化工科技市场，2002，25（6）：19－20.

[136] 刘雨桥. 基于包容性设计理论的室外用公共吸烟亭设计［D］. 大连：大连理工大学，2015.

[137] 覃林毅，罗莎莎. 广告吸塑字制作工艺流程［J］. 建筑工程技术与设计，2013（1）.

[138] 高汝楠，陈泽宇. 木材含碳率的测定与碳素储存数据库研究［J］. 生物技术世界，2014（7）：50－50.

[139] 杨化宇. 模板的类型及其工程应用特点［J］. 建筑工程技术与设计，2016（7）.

[140] 王亚明. 胶合板的加工工艺［J］. 黑龙江生态工程职业学院学报，2014（4）：32－32.

[141] 丁炳寅. 胶合板工业发展简史［J］. 中国人造板，2013（11）：21－27.

[142] 黄迎波. 人言视域下的动物语言探究［J］. 宜春学院学报，2016，38（4）：90－93.

[143] 孙一寒，汤尧. 浅谈工具的选型［C］//河南省汽车工程科技学术研讨会，2015.

[144] 张琳. 基于手机平台的电化学即时检测方法研究［D］. 南京：东南大学，2016.

[145] 周鹏飞，胡金龙，季鹏，et al. 数控激光切割机光路补偿措施的探讨［J］. 锻压装备与制造技术，2009，44（5）：50－53.

[146] 武亚鹏，侯建伟. 三维光纤激光切割机器人的介绍及应用［C］//中国

机械工程学会焊接学会第十八次全国焊接学术会议.

[147] 李晓芬. 激光切割机高速数据传输及控制算法研究 [D]. 天津：天津理工大学，2009.

[148] 王继鑫. 现代激光切割技术工艺研究 [J]. 大科技，2016 (11).

[149] 姜峰. 激光切割机的发展及其关键技术 [J]. 机械工程师，2000 (6)：35 – 36.

[150] 张宝玉. 3D 打印技术发展历史、前景展望及相关思考 [C]. 上海市老科学技术工作者协会学术年会. 2014.

[151] 刘欣灵. 3D 打印机及其工作原理 [J]. 网络与信息，2012，26 (2)：30 – 30.

[152] 孙娜，栾瑞雪. 3D 打印对工业设计发展的影响 [J]. 品牌 (下半月)，2015 (8)：154 – 154.

[153] 纵观全球，国防制造新动态 [J]. 国防制造技术，2014 (1)：10 – 13.

[154] 张阳春，张志清. 3D 打印技术的发展与在医疗器械中的应用 [J]. 中国医疗器械信息，2015 (8)：1 – 6.

[155] 苏也惠. 3D 打印技术在三维模型设计中的应用 [J]. 现代交际，2015 (12)：96 – 96.

[156] 梁国栋. 浅谈游标卡尺的使用 [J]. 赤子，2014 (1)：277 – 277.

[157] 唐肇川. 卡尺的来龙去脉 [J]. 中国计量，2005 (7)：46 – 48.

[158] 孙瑜，王保学. 螺旋千分尺工作原理及使用方法 [J]. 企业标准化，2008 (15).

[159] 冯鹏，荆利莉. 游标卡尺和螺旋测微器的正确使用 [J]. 中学物理，2016，34 (7)：61 – 62

[160] 王慧. 中学生电学实验能力现状及影响因素研究 [D]. 苏州：苏州大学，2010.

[161] 毛著元. 二自由度胸鳍推进仿生机器鱼动力学分析及控制 [D]. 兰州：兰州交通大学，2015.

[162] 白玉青，张亚清，蒲海英. PLC 技术在电力系统自动化工程中的应用 [J]. 科学与财富，2017 (27)：193 – 193.

[163] 朱永迪. PLC 在自动化纸袋糊底机控制中的应用与研究 [D]. 兰州：兰州理工大学，2011.

[164] 陈渊宇. 计算机在磁粉探伤机中的应用开发 [D]. 南京：南京理工大学，2008.

[165] 郑丽. 基于 FPGA 的便携式数字存储示波器设计 [D]. 成都：电子科技大学，2010.

［166］刘建.ACARS&AIS 中频数字接收机的设计与实现［D］.哈尔滨：哈尔滨工程大学，2013.

［167］高正杨，石建飞，张学磊.基于 FPGA 的小目标探测声纳控制模块设计与实现［J］.电声技术，2018，42（10）：69－73.

［168］揭应平.FPGA 芯片设计及其应用分析［J］.集成电路应用，2017（12）：39－43.

［169］王振中.现代单片机技术的进展［J］.今日科技，2004（9）：2－4.

［170］张海涛.单片机实践教学应用研究［J］.办公自动化，2015（12）：56－58.

［171］周兴超.可移动监控机器人的研究与设计［D］.沈阳：沈阳理工大学，2009.

［172］余丙荣.基于单片机的机器人制作与仿真［D］.安徽：安徽大学，2009.

［173］佚名.树莓派简介与应用［EB/OL］.https：//blog.csdn.net/qq813480700/article/details/71499972？utm_source=blogxgwz9.2017.

［174］美国德州仪器公司.DSP 外设驱动程序的开发［J］.电子设计应用，2003（7）.

［175］蔡志.传感器技术在常规测绘领域中的应用方向初探［J］.科技创新与应用，2015（24）：71－71.

［176］余亮亮.浅谈机器人传感器及其应用［J］.华章，2011（3）.

［177］张志中.基于智能控制的机电一体化技术的应用与研究［D］.武汉：华中科技大学，2003.

［178］杨全峰，辛有璟，程卫华.浅谈智能化电气设备对智能电网的重要性［J］.科技创新与应用，2012（20）：169－169.

［179］徐凯华，赵雪琴.多层传感器故障数据的挖掘模型仿真［J］.计算机仿真，2014，31（12）：393－396.

［180］蒋丽华.浅析传感器技术作用和应用现状及发展前景［J］.中国信息化，2013（12）.

［181］孙运旺.传感器技术与应用［M］.杭州：浙江大学出版社，2006.

［182］程建强.PC 机控制球压法力学性能测试系统［J］.中国科学院大学，2013.

［183］冯明明.基于 PXI 和 SCXI 架构的水泥混凝土路面脱空状况的测试研究［D］.西安：长安大学，2008.

［184］陈少波.旋转式动态切削力测量技术的研究［D］.上海：同济大学，2003.

[185] 韩生弟. 天线结构变形测量中应变传感器的布置研究 [D]. 西安：西安电子科技大学，2013.

[186] 李存兵. 基于虚拟仪器的静压传动远程监测系统研究 [D]. 杭州：浙江工业大学，2008.

[187] 李勇，代瑶. 气体传感器的性能分析 [J]. 科技与生活，2010（11）：102 – 102.

[188] 王静云. 基于虚拟仪器技术的电机状态检测和故障诊断系统研究 [D]. 天津：河北工业大学，2009.

[189] 刘振中. 如何保证称重给煤机计量精度的稳定性 [J]. 衡器，2009，38（5）.

[190] 赵敏. 数控机床智能化状态监测与故障诊断系统 [D]. 成都：西南交通大学，2011.

[191] 王建. 巧克力精磨车间生产状态监控系统 [D]. 沈阳：东北大学，2008.

[192] 崔超. 面向控制系统自重构的移动机器人传感和控制模块设计 [D]. 天津：河北工业大学，2014.

[193] 张惠峥，张鹏. 基于 Altium Designer 的电子产品一体化设计 [J]. 无线电通信技术，2008（6）：56 – 58.

[194] 高羽舒. 基于 ARM 和 Zigbee 的嵌入式物联网教学实验平台构建 [D]. 重庆：重庆理工大学，2014.

[195] 朱丽霞. 基于 ARM – Linux 的嵌入式教学实验平台构建 [J]. 中国现代教育装备，2010（23）：42 – 43.

[196] 马聪. 基于 STM32 微控制器的精密压力控制系统的研究与设计 [D]. 苏州：苏州大学，2016.

[197] 何洪波，都洪基，孔慧超. 基于单片机的漂染控制系统设计 [J]. 信息化研究，2006，32（4）：66 – 68.

[198] 刘文豪. 基于 MPC8321 的四串口接口板卡设计与实现 [D]. 北京：北京邮电大学，2010.

[199] 黄杰. 应用在头盔显示中的 LCoS 驱动电路设计 [D]. 南京：东南大学，2009.

[200] 李宗民. 信道监控设备在电力系统中的应用 [D]. 天津：天津大学，2007.

[201] 李波. 基于 FPGA 与 DSP 的视频监控系统实现 [D]. 哈尔滨：哈尔滨工程大学，2012.

[202] 史俊海，李进财. 浅议汽车蜂鸣器作用与结构原理 [J]. 农村实用科技

信息，2012（4）：102 - 102.

[203] 梁秋妍. 餐饮业无线管理系统终端部分的设计与实现［D］. 天津：天津大学，2008.

[204] 汪嘉洋，刘刚，华杰，et al. 振动传感器的原理选择［J］. 传感器世界，2016（10）：19 - 23，共 5 页.

[205] 任永. 基于 CAN 总线的智能振动检测仪的研究与设计［D］. 北京：北京化工大学，2009.

[206] 赵津，朱三超. 基于 Arduino 单片机的智能避障小车设计［J］. 自动化与仪表，2013，28（5）：1 - 4.

[207] 佚名. 红外线传感器测距工作原理［EB/OL］. http://m. elecfans. com/article/574399. html. 2017.

[208] 闫军. 传输时间激光测距传感器［J］. 传感器世界，2002（8）：22 - 23.

[209] 王红云，姚志敏，王竹林，et al. 超声波测距系统设计［J］. 仪表技术，2010（11）：47 - 49.

[210] 李铖. 五自由度串联机器人控制系统设计与仿真［D］. 天津：天津科技大学，2017.

[211] 姚殿梅，周彬. 红外线在道路测试中的应用［J］. 交通科技与经济，2013，15（3）：45 - 48.

[212] 韩文晶. 激光测距仪在起重机检验中的应用［J］. 科技与企业，2013（5）：288 - 288.

[213] 韩雪峰. 导盲机器人［D］. 哈尔滨：哈尔滨工程大学，2009.

[214] 刘俊承. 室内移动机器人定位与导航关键技术研究［J］. 毕业生，2005.

[215] 刘婷. 室内环境监测系统的硬件设计［J］. 重庆与世界（学术版），2012（6）：60 - 61.

[216] 徐维军. 跑步机运动防摔人体姿态识别研究［J］. 企业技术开发旬刊，2015（3）：20 - 21.

[217] 张旭. 基于多传感器信息融合康复机器人感知系统设计［D］. 成都：电子科技大学，2015.

[218] 刘嘉. 移动机器人底层运动控制系统的设计［D］. 杭州：浙江大学，2007.

[219] 刘国慧. 基于 MEMS 传感器动态手势识别系统设计与实现［D］. 南京：东南大学，2017.

[220] 张辉，黄祥斌，韩宝玲，et al. 共轴双桨球形飞行器的控制系统设计

[J]．单片机与嵌入式系统应用，2015，15（12）：74－77.

[221] 原涛．浅谈 GPS 技术在工程测量中的应用 [J]．江西测绘，2013（4）：
53－55.

[222] 陈新泉．四旋翼无人机飞控系统设计与研究 [D]．南昌：南昌航空大
学，2014.

[223] 寇文兵．简述半导体温度传感器设计 [J]．中国科技财富，2010
（20）．

[224] 王琳．浅谈温度传感器特点及其应用 [J]．科学技术创新，2011（4）：
21－21.

[225] 米娟芳，高楠．无线环境监测模拟装置的设计 [J]．山西电子技术，
2013（3）：21－22.

[226] 周超，刘长华．具有超视距巡航的四旋翼无人机研制 [J]．电子测试，
2016（15）：8－9.

[227] 佚名．狮子 LIPO 航模锂电池厂家普及航模电池知识 大家可以看看
[EB/OL]．http：//www.sohu.com/a/288475847_ 220918.2019.

[228] 马龙．蓝牙无线通信技术的研究 [D]．哈尔滨：哈尔滨理工大学，
2003.

[229] 邵向前．蓝牙技术研究及其在个人无线通信中的应用 [D]．北京：北京
邮电大学，2003.

[230] 张伟伟．蓝牙局域网接入系统的研究 [D]．南京：南京理工大学，
2006.

[231] 范晔斌．蓝牙个人区域网的实现及性能研究 [D]．武汉：华中科技大
学，2002.

[232] 王其东．基于 ZigBee 无线键盘鼠标接口设计和驱动程序开发 [D]．武
汉：湖北工业大学，2010.

[233] 武海斌．超宽带无线通信技术的研究 [J]．无线电工程，2003，33
（10）：50－53.

[234] 朱义君，常力．UWB 的主要特点及在短距离无线通信中的应用前景
[J]．电子技术应用，2003，29（10）：6－8.

[235] 屈静．超宽带通信系统中基于能量捕获的同步研究 [D]．北京：北京邮
电大学，2008.

[236] 朱晓明．超宽带通信系统中信道估计方法的研究 [D]．哈尔滨：哈尔滨
工程大学，2008.

[237] 张正起．超宽带（UWB）系统中同步与信道估计技术研究及 ASIC 设计
[D]．南京：东南大学，2009.

［238］本刊编辑 . ZigBee——全力打造智能家庭［J］. 智能建筑与智慧城市，2015（7）：47 - 47.

［239］卜益民 . 基于物联网智能家居系统技术与实现［D］. 南京：南京邮电大学，2013.

［240］曹蕾 . 基于无线短程网络的 HART 协议研究与实现［D］. 西安：西安石油大学，2010.

［241］崔宾，孟文 . 基于 Zigbee 技术的群体机器人网络研究［J］. 计算机技术与发展，2010，20（6）：141 - 143.

［242］马跃其 . 基于 ZigBee 无线通信技术的智能家居系统［D］. 焦作：河南理工大学，2010.

［243］兰丽娜 . 基于 web、Wi - Fi 和 Android 的考勤与通信系统的开发［D］. 河北科技大学，2013.

［244］郭薇 . 宽带无线 Wi - Fi 与 WiMAX 应用研究［D］. 北京：北京邮电大学，2007.

［245］郝钰 . 宽带无线 WiFi 与 WiMAX 应用研究［J］. 科技资讯，2009（18）：18 - 18.

［246］刘晓明 . TD - SCDMA 与 Wi - Fi 网络融合技术的研究［D］. 北京：北京邮电大学，2010.

［247］张文慧 . Wi - Fi 宽带无线的应用研究［J］. 电脑编程技巧与维护，2009（18）：72 - 72.

［248］冯智成 . 浅谈 WIFI 技术发展与日常维护［C］//2014 信息通信网技术业务发展研讨会 . 2014.

［249］刘连浩，杨杰，沈增晖 . 2.4 GHz 无线 USB 技术的开发与应用［J］. 计算机工程，2009，35（3）.

［250］李旭，綦星光 . 一种基于 FPGA 的串口通信控制器设计［J］. 中国信息化，2012（18）.

［251］聂聪 . 基于串口通信的工控组态软件系统的设计与实现［D］. 武汉：华中科技大学，2012.

［252］周小燕 . 农业机械手无碰运动规划技术的研究［D］. 杭州：浙江工业大学，2009.

［253］张文锋 . FPGA 在数字信号处理及控制中的应用［D］. 上海：上海交通大学，2008.

［254］宇晓梅 . 四轮代步智能小车平台的设计开发［D］. 青岛：中国海洋大学，2013.